José Fiker

3ª edição

manual de
REDAÇÃO DE LAUDOS

Avaliação de imóveis

José Fiker

3ª edição

manual de
REDAÇÃO DE LAUDOS

Avaliação de imóveis

1ª reimpressão 2020 | 2ª reimpressão 2022

Grafia atualizada conforme o Acordo Ortográfico da Língua Portuguesa de 1990, em vigor no Brasil desde 2009.

CAPA E PROJETO GRÁFICO Malu Vallim
DIAGRAMAÇÃO Douglas da Rocha Yoshida
PREPARAÇÃO DE FIGURAS Beatriz Zupo
PREPARAÇÃO DE TEXTO Natália Pinheiro Soares
REVISÃO DE TEXTO Ana Paula Ribeiro
IMPRESSÃO E ACABAMENTO Mundial gráfica

Dados Internacionais de Catalogação na Publicação (CIP)
(Câmara Brasileira do Livro, SP, Brasil)

Fiker, José
Manual de redação de laudos : avaliação de imóveis / José Fiker. -- 3. ed. -- São Paulo : Oficina de Textos, 2019.

Bibliografia.
ISBN 978-85-7975-326-8

1. Imóveis - Avaliação I. Título.

19-26578 CDD-808.066333337

Índices para catálogo sistemático:
1. Avaliação de imóveis urbanos : Redação de laudos 808.066333337
2. Imóveis urbanos : Avaliação : Redação de laudos 808.066333337

Cibele Maria Dias - Bibliotecária - CRB-8/9427

Rua Cubatão, 798
CEP 04013-003 São Paulo-SP – Brasil
tel. (11) 3085 7933
site: www.ofitexto.com.br
e-mail: atend@ofitexto.com.br

APRESENTAÇÃO

Nesta sua nova obra técnica, o autor vale-se de sua invejável experiência profissional para fornecer aos interessados valiosíssimos subsídios sobre a redação de laudos de avaliação de imóveis, principalmente daqueles destinados a instruir ações judiciais, preenchendo, assim, uma velha lacuna que sempre existiu na bibliografia da Engenharia de Avaliações.

Inicialmente, a obra oferece ao leitor alguns conceitos e definições pertinentes às atividades periciais e avaliatórias e, de forma sintética, discorre sobre as principais espécies de perícia – o arbitramento, a avaliação, o exame e a vistoria –, ofertando alguns pequenos exemplos.

Detendo-se com maior profundidade na avaliação de imóveis, o autor cita a Norma para Avaliação de Imóveis Urbanos da Associação Brasileira de Normas Técnicas (ABNT) e dá ênfase às atividades básicas, com especial destaque para a vistoria, a metodologia, a pesquisa de valores e seu tratamento, os cálculos avaliatórios de imóvel, a análise conclusiva e fixação do valor final, a apresentação dos resultados e das conclusões, e, por derradeiro, a apresentação do laudo respectivo.

Com muita propriedade, a obra passa, então, a focalizar diversas recomendações que um perito judicial por certo não dispensaria, no sentido de aprimorar a redação e a montagem de seu laudo, acompanhadas de um exemplo que reproduz um caso prático real. É provável que, nesse ponto, o leitor estranhe o caráter incomum do trabalho ilustrativo. Todavia, é preciso ponderar que se trata de um laudo encaminhado ao Tribunal de Justiça, num caso de apelação cível em que a Turma Julgadora necessitava de mais algumas luzes para bem decidir sobre a ação, já em grau de recurso. Assim, o exemplo é bastante oportuno pelo seu refinado nível de elaboração. O autor completa sua excelente orientação com comentários sobre os laudos dos assistentes técnicos, complementando-a com dois trabalhos suficientemente claros: um concordante e outro divergente.

Em sua parte final, a obra aborda diversas questões relativas ao estilo do laudo, como a clareza, a concisão, a precisão, a originalidade e a harmonia. Ademais, o talento do autor emerge também nos ensinamentos que transmite sobre o uso correto da língua portuguesa, mormente quanto à ortografia, à acentuação, à pontuação, à concordância especial, à regência verbal, ao emprego de iniciais maiúsculas, à colocação pronominal e à voz passiva.

Enfim, trata-se de um livro de extrema utilidade para todos que labutam no campo das avaliações e das perícias de engenharia, particularmente como fonte de estudo e de consulta.

Eng. José Carlos Pellegrino

PREFÁCIO

Este livro destina-se a suprir, ainda que de maneira modesta, parte dos conhecimentos que não são adquiridos em uma escola de engenharia, arquitetura e agronomia.

Desde que passamos a analisar laudos judiciais por força de nosso trabalho como perito ou assistente técnico, percebemos a dificuldade de transformar a linguagem técnica em linhas acessíveis e atraentes para o magistrado. Essa habilidade é desenvolvida pelo autodidatismo de alguns peritos e pelo esforço e empenho de outros.

Pensando nisso, procuramos reunir tudo que achamos útil e necessário para a confecção de um laudo de avaliação de imóveis, sem nada omitir, pelo menos conscientemente, em relação à nossa experiência adquirida no trabalho diário e aos nossos conhecimentos de engenharia de avaliação e de técnicas de redação. O embasamento técnico acha-se descrito em nosso livro *Manual de avaliações e perícias em imóveis urbanos*. A forma de apresentação do laudo e da condução dos trabalhos são o assunto deste opúsculo, que pretende ser apenas uma contribuição a mais para a classe dos profissionais de avaliações de imóveis, da qual fazemos parte.

José Fiker

SUMÁRIO

1 Esquema do discurso 13
Exemplo 1.1 13
Exemplo 1.2 14

2 Conceitos e definições 17
2.1 Perícia 17
2.2 Peritos 17
2.3 Procedimentos 17
2.4 Espécies de perícia 18
2.5 Avaliação de imóveis 18

3 Laudos de avaliação 21
3.1 Apresentação de laudos 21
3.2 Metodologia 23
3.3 Pesquisa de valores 23
3.4 Determinação do valor final 23
3.5 Conclusões 23
3.6 Data 23
3.7 Anexos 23

4 Laudo do perito judicial 25
Exemplo 4.1 26
Exemplo 4.2 42

5 Parecer técnico do assistente 45

6 Parecer técnico concordante 47
Exemplo 6.1 47

7 Parecer técnico discordante 51
Exemplo 7.1 53

8 Exemplo de aplicação de método evolutivo 61
8.1 Taxa de lucro da construtora 63
8.2 Taxa de administração 64
8.3 Taxa financeira 64
8.4 Conclusões e recomendações 67

9 Estilo de laudo 69
9.1 Clareza 69
9.2 Concisão 69
9.3 Precisão 70
9.4 Originalidade 70
9.5 Harmonia 71

10 Correção gramatical do laudo 73
10.1 Ortografia 73
10.2 Acentuação 74
10.3 Pontuação 75
10.4 Concordância especial 77
10.5 Regência verbal 79
10.6 Emprego das iniciais maiúsculas (Ferreira, s.d.) 81
10.7 Colocação pronominal 83
10.8 Voz passiva 85

11 Espécies de laudos 87
11.1 Laudo para bancos (avaliações) 88
11.2 Avaliação 90
11.3 Enfoque do mercado 90
11.4 Laudo de perícia 90
11.5 Laudo de avaliação 91
11.6 Avaliação 92

12 Exemplo de processo judicial ... 95
12.1 Laudo judicial ... 95
12.2 Parecer técnico divergente ... 100
12.3 Parecer técnico concordante ... 102
12.4 Ilustração da perícia ... 104
12.5 Análise do laudo do perito e dos pareceres técnicos dos assistentes do autor e do réu ... 105

13 Encerramento ... 109

Referências bibliográficas ... 111

1

ESQUEMA DO DISCURSO

Este capítulo tem o objetivo de apresentar a estrutura de uma tese, composta por exórdio, narração, confirmação e peroração. Para tal, expõem-se nos Exemplos 1.1 e 1.2 dois modelos de tese.

Exemplo 1.1

1.1.1 Exórdio (apresentação da tese)

Enquanto aqui estamos confortavelmente sentados, com a nossa atenção voltada para os nossos problemas, cresce nas ruas o número de crianças carentes que morrerão prematuramente de fome ou que se transformarão em delinquentes e marginais da sociedade.

1.1.2 Narração

Os fatos dispostos a seguir comprovam a nossa tese:

1. As estatísticas demonstram que uma parte da inteligência do indivíduo é congênita, enquanto a outra parte se desenvolve a partir das condições sociais a que o indivíduo está submetido: as condições de alimentação, formação escolar, profilaxia contra doenças etc.
2. Seria repetitivo dizer que a criminalidade que fornece tanta substância para a imprensa falada e escrita aumenta na razão direta do aumento da miséria.
3. O desequilíbrio econômico da sociedade torna esse quadro cada vez mais assustador. Poucos de nós podemos jactar-nos de nunca ter sido molestado pela ação criminosa de algum delinquente

direta ou indiretamente, e nenhum de nós esconde a preocupação de que um dia poderá ser alvo da ação desses marginais.

1.1.3 Confirmação

Urge fazer alguma coisa contra esse processo de massificação da miséria.

É por isso que estamos lançando essa campanha de emergência contra a fome e a miséria, na qual cada um de vocês pode contribuir, por mínimo que seja, com agasalhos, alimentos ou contribuições em dinheiro, ainda que modestas.

Esta campanha não tem pretensão de liquidar a miséria, a qual só se extingue com amplas reformas estruturais no campo da saúde, da educação e da economia, pela atuação de homens dispostos a empregar toda sua capacidade e conhecimento na melhoria das instituições, que deveriam ser nossos representantes legítimos sufragados em eleições democráticas. Em vez disso, a campanha tem somente o condão de enfrentar uma situação de emergência para que a sociedade não sofra, enquanto não se procura resolver definitivamente o problema, em processo de implosão.

1.1.4 Peroração

Portanto, pedimos a colaboração de todos para que, sem sacrifício de seu bem-estar, contribuam de maneira modesta com o que tiverem em disponibilidade. Se todos colaborarem com um pequeno quinhão, o resultado será realmente significativo.

Exemplo 1.2

1.2.1 Exórdio

São Paulo, XX de XXXXX de 20XX. (Data)

À Câmara de Avaliações e Perícias do Ibape/SP
Rua Maria Paula, 122, Conj. 106
São Paulo – SP
(Endereçamento)

Prezados Senhores

Fulano de Tal (nome do perito), engenheiro civil inscrito no Crea sob o nº XXXXXXXX (qualificação), tendo sido honrado pela designação feita pela Câmara de Avaliações e Perícias do Ibape/SP (solicitante da perícia), para examinar um problema de vazamento em coluna de água fria (objeto da perícia), e tendo feito os exames e diligências necessários, vem apresentar seu parecer técnico.

1.2.2 Narração

1. Histórico (anamnese do caso)

Em janeiro de 1993, a firma Construtora XXX Ltda. iniciou obras...

No mesmo período, apareceu no edifício Y um vazamento de água numa coluna fria...

Os serviços de conserto da coluna foram orçados em...

Tendo sido levantada a suspeita de que a origem desse vazamento tivesse sido..., a construtora convocou o signatário para examinar o problema.

2. Diligências realizadas

No dia XX de XXXXX de 20XX (data da diligência), das 8h às 12h (período de tempo, hora), (indicação e caracterização da situação encontrada).

3. Relatório técnico

3.1 da sondagem;
3.2 dos perfis cravados;
3.3 das repercussões nos vizinhos;
3.4 da vistoria da edificação;
3.5 da vistoria das paredes das garagens no edifício Y.

1.2.3 Confirmação (conclusões)

1. Conclusões quanto às vibrações.
2. Confirmação da verdadeira causa do vazamento.
3. Como deve ter ocorrido o vazamento principal.

1.2.4 Peroração (encerramento)

Consta o presente parecer técnico de XX folhas datilografadas, todas elas rubricadas no anverso, sendo esta última datada e assinada. Contém ainda XX fotografias e XX anexos citados no texto.

São Paulo, XX de XXXXX de 20XX

____

Eng. Fulano de Tal
Crea/SP nº XXXX/D
Membro Titular do Ibape/SP
Coordenador de Cursos do Ibape/SP
Coordenador Técnico da Divisão Técnica de
Avaliações do Instituto de Engenharia

2 CONCEITOS E DEFINIÇÕES

2.1 Perícia

Em todas as áreas técnico-científicas do saber humano, sobre as quais o conhecimento jurídico no magistrado não é suficiente para emitir opinião técnica, faz-se necessária uma perícia para apurar circunstâncias e/ou causas relativas a fatos físicos reais, a fim de esclarecer a verdade.

2.2 Peritos

A fim de elaborar perícia, é nomeado um perito, profissional douto experimentado e conhecedor de determinado assunto em sua especialidade ou profissão.

Para atuar em uma perícia em engenharia, a qual é de interesse desta obra, é necessário que o profissional seja legalmente habilitado pelos Conselhos Regionais de Engenharia, Arquitetura e Agronomia na sua atribuição específica, conforme as Leis Federais nº 5.194, de 24/12/1966, e nº 5.584, de 26/6/1970, que regulam o exercício profissional, e as Resoluções da Confea nº 218, de 29/6/1973, e nº 235, de 9/10/1975, que regulam as atribuições profissionais.

2.3 Procedimentos

A perícia surge normalmente em decorrência de uma demanda, por iniciativa de uma das partes interessadas na busca por provas de atos e fatos por ela levantados para fundamentar um direito pleiteado.

A perícia também pode ocorrer por iniciativa do juiz, para conhecimento e esclarecimento de atos e fatos.

O juiz nomeia um perito, e cada uma das partes indica o seu assistente técnico, profissional legalmente habilitado pelos Conselhos Regionais de Engenharia, Arquitetura e Agronomia, para orientá-lo a assessorar o perito, acompanhando todas as fases da perícia e expressando sua opinião técnica onde e quando necessário.

2.4 Espécies de perícia

As perícias podem versar, principalmente, sobre:

2.4.1 Arbitramento

É a avaliação ou estimação de bens feita por árbitro ou perito nomeado pelo juiz. Atividade que envolve a tomada de decisão ou posição entre alternativas tecnicamente controversas ou que decorrem de aspectos subjetivos.

2.4.2 Avaliação

É a atividade que envolve a determinação técnica do valor quantitativo, qualitativo ou monetário de um bem, ou de seus rendimentos, gravames, frutos, direitos, seguros, ou de um empreendimento, para uma data e um lugar determinado.

2.4.3 Exame

É a inspeção, por meio de perito, sobre pessoa, coisas móveis e semoventes, para verificação de fatos ou circunstâncias que interessam à causa. Quando o exame é feito em imóvel, denomina-se *vistoria*.

2.4.4 Vistoria

É a constatação de um fato em imóvel, mediante exame circunstanciado e descrição minuciosa dos elementos que o constituem, objetivando sua avaliação ou o parecer sobre ele. Ver seção anterior para a diferença entre *vistoria* e *exame*.

2.5 Avaliação de imóveis

As normas que regem a matéria de avaliação de imóveis têm, como qualquer norma, a finalidade precípua de estabelecer uma linguagem comum aos profissionais que se dedicam ao assunto, a fim de que possam discutir, divergir e concordar sobre pontos polêmicos e chegar a um denominador comum.

As normas que disciplinam a avaliação de imóveis urbanos são a NBR 14653-1 (avaliação de bens) e a NBR 14653-2 (avaliação de imóveis urbanos), da Associação Brasileira de Normas Técnicas (ABNT, 2001).

A NBR 14653-2 classifica a natureza dos imóveis urbanos, dos seus frutos e direitos a avaliar; institui a terminologia, as convenções e as notações em trabalhos avaliatórios; define a metodologia básica aplicável às avaliações; fixa os níveis de precisão dessas avaliações; estabelece critérios a serem empregados nos trabalhos; e, por fim, prescreve diretrizes para a apresentação de laudos. Segundo essa norma, a avaliação de um imóvel é a determinação técnica de seu valor ou de um direito incidente sobre esse imóvel.

Para a cidade e o Estado de São Paulo, existe a *Norma para avaliação de imóveis urbanos* do Instituto Brasileiro de Avaliações e Perícias de Engenharia de São Paulo (Ibape, 1994b, 1995), que pretende harmonizar as diretrizes da NBR 14653-2 às condições peculiares da região a que se destina. Embora de caráter genérico, essa norma foi elaborada para atender às características particulares de São Paulo, abrangendo a região da Grande São Paulo. Seu uso em outras cidades ou regiões deve receber as adaptações, quando necessárias, adequadas às posturas legais e às condições do local de sua aplicação.

Existe ainda um glossário de terminologia básica aplicável à Engenharia de Avaliações e Perícias do Ibape/SP (Ibape, 1994a), cujas definições são utilizadas nos conceitos e definições deste livro.

A seguir, apresentam-se as atividades básicas pressupostas na avaliação de imóveis.

- *Vistoria*: visa permitir a classificação do objeto de verificação e comprovação ou não dos elementos fornecidos pelo processo judicial. Por exemplo, verifica-se no local se a classificação de benfeitoria corresponde àquela do laudo judicial, se o estado de conservação do imóvel é aquele indicado na sua descrição, o tipo de ocupação etc.
- *Metodologia*: escolhe-se a justificativa dos métodos e critérios de avaliação. A NBR 14653-2 define métodos diretos e/ou indiretos.

No método comparativo direto, o valor do imóvel ou de suas partes constitutivas é obtido pela comparação de dados de mercado relativos a dados de outros imóveis de características semelhantes (custo de substituição).

Já os métodos indiretos classificam-se em:

- Método de renda: o valor do imóvel ou de suas partes constitutivas é obtido pela capitalização da sua renda líquida, real ou prevista.

  - Método residual: o valor do terreno é obtido ao subtrair-se o valor das benfeitorias do valor total do imóvel, e o valor das benfeitorias também pode ser encontrado subtraindo-se o valor do terreno do valor total do imóvel. Quando necessário, deve-se subtrair também a parcela relativa ao fator de comercialização ou vantagem da coisa feita.
- *Pesquisa de valores*: é a determinação do valor básico unitário por metro quadrado do terreno objeto da avaliação, e consiste na seleção e no tratamento de dados comparativos do valor de mercado.
- *Resumo e análise*: é o tratamento dos elementos de acordo com os critérios escolhidos.
- *Avaliação*: é o cálculo dos valores do imóvel com base nos critérios estabelecidos.
- *Valor final do imóvel*: é a análise final e a fixação do valor.
- *Conclusão*: é a apresentação dos resultados e das conclusões.

3 LAUDOS DE AVALIAÇÃO

Laudo de avaliação é o resultado técnico, subscrito por peritos, que apresenta os elementos esclarecedores e as conclusões dos trabalhos de avaliação. No caso do documento redigido pelo assistente técnico, em vez de *laudo*, utiliza-se a denominação *parecer técnico*.

3.1 Apresentação de laudos

Segundo a NBR 14653-2 (ABNT, 2001), a apresentação de laudos deverá obedecer às prescrições dispostas a seguir. Segue também, no final do capítulo, uma observação a respeito de outros aspectos não abordados nas prescrições expostas.

- *Apresentação do interessado*: apresenta-se a pessoa física ou jurídica que encomendou o trabalho avaliatório.
- *Identificação do proprietário*: quando possível. Às vezes, devido a problemas de titularidade, não é possível identificar o proprietário do imóvel.
- *Objetivo de trabalho*: é a caracterização do objetivo da avaliação, permitindo ao avaliador estabelecer o grau de detalhamento das atividades básicas, o nível de precisão compatível e as demais circunstâncias que podem influir no valor do imóvel.
- *Individualização do objeto de avaliação*: é obtida por meio do cadastro do imóvel, e compreende plantas, memoriais descritivos e documentação fotográfica em grau de detalhamento compatível com o grau de precisão requerido pela finalidade da avaliação,

proporcionando todos os elementos que influem na fixação do valor e englobando a totalidade do imóvel.

- *Informações complementares*: quando necessários ao desenvolvimento da tarefa avaliatória, deverão ser conhecidos os elementos relativos ao estado de propriedade do objeto da avaliação, para que possam ser levados em conta os fatores valorizantes ou desvalorizantes decorrentes desse estado.
- *Vistoria*: nessa etapa, deve-se caracterizar a região e o imóvel, baseando-se nos critérios apresentados a seguir.

  Caracterização da região, compreendendo:
  - caracterização física: relevo, solo, subsolo, ocupação, meio ambiente, entre outros;
  - melhoramentos públicos existentes: energia elétrica, telefone, gás, rede viária, guias e sarjetas, pavimentação, coleta de lixo, água, esgoto, rede pluvial, entre outros;
  - serviços comunitários: transporte coletivo, recreação, ensino e cultura, rede bancária, comércio, mercado de trabalho, segurança, saúde, entre outros;
  - potencial de utilização: parcelamento do solo e estrutura do sistema viário, restrições físicas, legais e socioeconômicas de uso, entre outros;
  - classificação da região.

  Caracterização do imóvel, abrangendo:
  - caracterização física, como relevo, solo, subsolo e ocupação;
  - acessos, serviços e melhoramentos públicos;
  - utilização atual e potencial, legal e econômica;
  - descrição do terreno, como perímetro, confrontações, frente, área e profundidade equivalente.
- *Construções*: devem-se expor as seguintes informações:
  - finalidade para a qual foi construído o imóvel e o tipo de ocupação;
  - número de pavimentos e dependências;
  - tipo de estrutura e cobertura;
  - tipo de acabamento por dependência e respectivos pés-direitos;
  - esquadrias e peças por dependência;
  - idade do imóvel real (se possível) ou estimada;
  - estado de conservação e obsoletismo, fatores de depreciação;
  - classificação do padrão construtivo.

3.2 Metodologia

Escolhem-se e justificam-se os métodos e critérios de avaliação.

3.3 Pesquisa de valores

Com a indicação das fontes. A pesquisa deverá fazer referência à quantidade, à confiabilidade e ao tratamento dos elementos pesquisados, de acordo com o grau de precisão da avaliação pretendido.

3.4 Determinação do valor final

Com indicação da data de referência.

3.5 Conclusões

Com os fundamentos resultantes da análise final.

3.6 Data

Da vistoria e do laudo, nome, assinatura, número do registro no Crea e credenciais do avaliador.

3.7 Anexos

Plantas, documentação fotográfica, pesquisa de valores e outros.

Observação: Os pareceres técnicos dos assistentes deverão mencionar explicitamente a conferência de todos os itens suprarreferidos e, em especial, dos índices usados e das operações aritméticas procedidas. Seus cálculos básicos, salvo em casos especiais, deverão ser feitos para a mesma data do laudo oficial.

4

LAUDO DO PERITO JUDICIAL

O laudo do perito judicial deve ser objetivo, completo e conciso, restringindo-se ao assunto da perícia, sem divagações. Inicia-se com uma introdução com o nome do interessado, seguida de uma exposição de motivos e objetivos.

Se houver laudos anteriores, como, por exemplo, no caso de apelação, o perito deve proceder a um exame dos laudos apresentados, explicando ao juiz quais as virtudes e os defeitos de cada um. Se não puder optar por nenhum dos trabalhos anteriores, o perito deve elaborar a sua própria avaliação, que segue todas as etapas já mencionadas anteriormente, a começar pela vistoria.

Se houver discrepâncias de áreas e dimensões ou controvérsia de direitos, o perito poderá proceder de duas ou mais avaliações, considerando as diversas hipóteses assumidas, e deixar para o magistrado julgar as questões de direito. Essa alternativa só deve ser empregada em último caso, quando o perito entender que não se deve imiscuir em questões jurídicas. Caso contrário, o perito deverá adotar uma posição, pois os juízes não acolhem com simpatia um laudo difuso, não objetivo e com várias alternativas, assim como não aceitam que o perito exceda seus limites e penetre em questões jurídicas que transcendam o seu campo de conhecimento e que sejam de competência do juiz. Portanto, nesses casos, há que prevalecer o bom senso do profissional.

O vistor oficial deve, então, expor concisamente os fundamentos lógicos e matemáticos que o levaram a chegar ao valor do imóvel em avaliação, evitando, sempre que possível, a exposição longa de cálculos e fórmulas. Lembrar-se sempre de que o juiz é leigo e prefere explicações verbais didáticas a cálculos e fórmulas complicadas.

Em seguida, o perito deve expressar suas conclusões de maneira coerente, objetiva e consistente, embasado no corpo do laudo. A resposta aos quesitos deve ser curta e objetiva, sem, no entanto, procurar desvencilhar-se ou evadir-se por meio de monossílabos, e evitando também tendenciosidades e distorções. Se for necessário, devem-se anexar, no final, plantas, documentos, fotografias, memoriais de cálculo etc.

Por fim, o perito deve datar e assinar o documento, apondo suas credenciais – títulos, registro profissional, entre outros.

A seguir, a título de exemplo, apresenta-se um laudo judicial.

Exemplo 4.1

Exmo. Sr. Dr. Juiz Desembargador Relator da Apelação Cível nº 3.113-2 da 8ª Câmara do Tribunal de Justiça.

JOSÉ FIKER, infra-assinado, engenheiro civil, perito judicial nomeado nos autos da APELAÇÃO supra, em que são APELANTES HELENA SILVA E OUTROS, e APELADOS PREFEITURA MUNICIPAL DE JUNDIAÍ e PREFEITURA MUNICIPAL DE CAMPO LIMPO PAULISTA, tendo procedido aos estudos e diligências que se fizeram necessários, vem apresentar a V. Exa. as conclusões a que chegou, consubstanciadas no seguinte LAUDO.

4.1.1 Preliminares

Era objeto da ação ordinária que gerou a presente apelação a área de 19.620,80 metros quadrados, destacada da maior porção do Sítio Palmeiras, no Município de Campo Limpo Paulista, a qual, segundo os autores, foi ocupada pela Prefeitura de Jundiaí no mês de agosto de 1961, para a construção, no então distrito de Campo Limpo, de avenidas marginais ao Rio Jundiaí.

Pretendiam os apelantes a indenização fixada pelo Respeitável Acórdão da Apelação nº 58.471 da 5ª Câmara do Segundo Tribunal de Alçada Civil; eis que, à oportunidade da propositura, não fizeram os autores prova do domínio sobre a área (fl. 12 dos autos).

O documento nº 3, fl. 8, apresentado pelos autores, representa um levantamento da área que se pretendia ver indenizada. Nele verifica-se a existência de um resumo de ocupação, dando as seguintes metragens:

- ◈ 7.672,00 m² – margem direita;
- ◈ 8.248,00 m² – margem esquerda;
- ◈ 3.700,00 m² – área do álveo abandonado do antigo leito do rio Jundiaí.

Mais adiante, na fl. 163, esse mesmo documento aparece corrigido, com as seguintes indicações:

- ◈ 7.672,00 m² – margem esquerda;
- ◈ 8.248,00 m² – margem direita;
- ◈ 3.700,00 m² – área do álveo abandonado do antigo leito do rio Jundiaí.

As corrés foram citadas nas fls. 20 e 21-verso, e contestaram o pedido: a Prefeitura de Jundiaí alegou, preliminarmente, não ser parte ilegítima para figurar na lide, por já ter indenizado os autores na parte que lhe cabia. Assim, a área ocupada para abertura e retificação do rio Jundiaí e a abertura das marginais do rio Jundiaí, finalidades da ocupação da área, seriam de responsabilidade da Prefeitura Municipal de Campo Limpo Paulista, a qual deveria responder pela indenização da área correspondente ao álveo abandonado do antigo leito do rio Jundiaí, sob a alegação de que não teria sido ocupado por qualquer uma das rés. Citando o "diploma legal competente", a Prefeitura de Jundiaí afirmou que, na eventualidade de uma obrigação indenizatória de sua parte referente às áreas ocupadas para a abertura das marginais, deveria ser examinada sua capacidade econômico-financeira, a fim de se atribuir a quota-parte, proporcionalmente, à vista das disponibilidades financeiras de cada uma (fl. 31).

Foi deferida a perícia, tendo sido nomeado pelo MM. Juiz da 4ª Vara da Comarca de Jundiaí o engenheiro José da Silva como perito judicial e indicados como assistentes das partes, respectivamente, o engenheiro Rui da Silva pela Prefeitura Municipal de Campo Limpo Paulista e o engenheiro Paulo da Silva pela Prefeitura Municipal de Jundiaí. Concordando com o laudo oficial, a autora não indicou seu assistente técnico (Processo nº 554/78).

A respeitável sentença acolheu o laudo do assistente técnico da corré Prefeitura de Campo Limpo Paulista, excluindo as áreas de 8.248,80 metros quadrados, correspondendo à marginal direita e constante do Processo nº 1.008/73 do 12º Juízo, e de 3.700,00 metros quadrados, correspondendo à área do antigo álveo do rio de Jundiaí, julgado não indenizável, de acordo com os três laudos periciais. A sentença condenou solidariamente as duas corrés ao pagamento da importância de R$ 971.198,48 (novecentos e setenta e um mil, cento e noventa e oito reais e quarenta e oito centavos) a título de indenização pelo apossamento da área de 7.672,00 metros quadrados.

Em parte inconformados com a veneranda sentença que decidiu o feito, ou seja, no tocante à exclusão da área de álveo do rio e ao *quantum* indenizatório, os autores resolveram apelar, conforme petição da fl. 171.

Essa Egrégia Câmara houve por bem converter o feito em diligência, tendo sido o signatário honrado com a incumbência de realizar nova perícia (fl. 385).

4.1.2 Exame dos laudos apresentados

O perito da ação ordinária equivocou-se, de início, em relação ao sentido em que corre o rio Jundiaí, registrando a área de 7.672,00 metros quadrados à margem direita do rio, quando, em realidade, essa área encontra-se à margem esquerda do rio. As mesmas considerações são válidas para a área de 8.248,80 metros quadrados, que está situada à margem direita do rio. No mais, concordamos com as descrições das áreas, ainda que aproximadas e sumárias, endossando suas considerações sobre situação topográfica, consistência do terreno, situação geográfica, melhoramentos e possibilidade de aproveitamento.

No que diz respeito à avaliação, independentemente de considerações feitas a seguir sobre as áreas suscetíveis de indenização, o perito utilizou-se de apenas quatro elementos de amostra, o que rebaixa o grau e a fundamentação segundo o estabelecido na NBR 14653-2 (a norma para avaliação de imóveis urbanos) da ABNT (2001), que estabelece o número de dados de mesma natureza efetivamente utilizados como "maior ou igual a cinco para atingir grau de fundamentação 2".

Além disso, o perito não faz referência à data das ofertas e transações, contrariando as normas, utiliza fatores diversos (fator de fonte, fator de ponderação) sem explicar sua origem ou defini-los, uma vez que não constam de norma, e também não apresenta os índices locais que levaram à obtenção dos fatores de transposição. O perito apresenta ainda ofertas que, conforme documentação da Prefeitura Municipal de Campo Limpo Paulista, foram vendidas por preço inferior ao anunciado, de tal forma que, além de o número de ofertas ser pequeno, elas não refletem exatamente o mercado imobiliário.

São consideradas duas hipóteses com duas avaliações diferentes:

1ª avaliação

Consideram-se, nessa avaliação, os terrenos com as dimensões descritas nesse processo.

Essa avaliação deprecia o terreno pela profundidade equivalente de 14 m, inferior em relação à de 20 m, que é a considerada como mínima para o local. Entretanto, quando fez a pesquisa, o perito não considerou a profundidade equivalente dos lotes, chegando ao valor unitário de R$ 980,60/m², em que "todos os fatores foram corrigidos menos o que diz respeito à padronização do terreno, isto é, testada e profundidade" (*sic*). Ora, se a profundidade não foi levada em conta na pesquisa, por coerência também não deveria ser levada em conta na avaliação. O perito subtrai, ainda, 15% da área dos terrenos nas marginais, área essa que, segundo o vistor oficial, deveria ser doada à Prefeitura por ocasião do loteamento imaginado. Não se esclarece a título de que essa doação deve ser feita, mas se imagina que seja para abertura de ruas. Nesse caso, a prefeitura exige 20% da área da gleba, que deveriam ser levados em conta somente em caso de avaliação de glebas, e não nessa primeira avaliação, que considera os terrenos isoladamente.

2ª avaliação

Considera-se, nessa avaliação, os terrenos como parte de um todo que foi expropriado pelos Poderes Públicos.

Nesse ponto, o perito se esquece de que a área constitui parte menor de uma gleba e que, como tal, devem ser deduzidas as despesas de urbanização, comercialização etc., pois a pesquisa conduziu a um unitário básico para terrenos loteados, e não para glebas, cujo unitário, deduzidas as despesas referidas, é sensivelmente menor.

Além disso, considera os 19.620,80 metros quadrados como indenizáveis, pois, conforme afirma, "seria também aproveitado o terreno referente ao antigo leito do rio Jundiaí". Não nos parece suficientemente bem explicado por que, na primeira avaliação, o antigo leito não podia ser aproveitado e, nessa segunda avaliação, o seu valor é indenizável.

Por fim, as duas avaliações incluem área já indenizada por meio da Apelação nº 95.909 do 2º Tribunal de Alçada Cível, como será visto adiante.

O assistente técnico da Prefeitura Municipal de Campo Limpo apresenta descrição mais minuciosa das áreas em questão, corrigindo o engano do perito judicial quanto à orientação do sentido em que corre o rio, com consequente atribuição das denominações corretas de margem esquerda e margem direita às áreas correspondentes (fl. 115).

Registra também que a Prefeitura Municipal de Jundiaí iniciou a retificação do rio Jundiaí em 1961 para poder construir a atual Avenida Alfried Krupp e que a marginal direita foi aberta em terra no fim de 1969 e início de 1970 (fl. 111), já sob a administração da Prefeitura Municipal de Campo Limpo, a qual se instalou em 1965 (fl. 115).

O assistente já consigna que a área desapropriada pela Prefeitura Municipal de Campo Limpo Paulista, por meio da Ação Expropriatória nº 1.008/73 do 1º Cartório, inclui também a área de 8.248,80 metros quadrados, correspondente à área da Av. Marginal Direita da qual trata a Ação nº 891/71, e ora também tratada pela presente ação (fl. 112). Essa informação foi por nós confirmada ao tomar conhecimento de que a referida área já havia sido indenizada na Apelação nº 95.909 do 2º Tribunal de Alçada Cível, não cabendo, portanto, figurar na presente ação.

Além disso, o assistente técnico acertadamente registra que as áreas de 3.700,00 metros quadrados destinadas à marginal esquerda não foram ocupadas, conforme constatamos em nossa vistoria. Apenas registra-se que existem alguns poços de inspeção de esgoto e que essa marginal já se encontra aberta em terra, porém fora do trecho objeto dessa ação; há uma ligação com a Avenida Alfried Krupp, por meio de um atalho que dá acesso ao início da marginal.

Portanto, em sua parte descritiva, concordamos plenamente com o laudo do Eng. Rui da Silva, que fornece fartura de elementos informativos e ilustrações bastante elucidativas. Entretanto, na parte do valor de avaliação são utilizados critérios que fogem completamente ao que estabelecem todas as normas de avaliações:

- Utiliza-se valor de sentença de 1974 para uma avaliação, e de 1979, cinco anos depois, quando há portaria que recomenda um intervalo de no máximo seis meses.
- Obtém-se uma média com apenas dois elementos, o que contraria todos os critérios estatísticos de representatividade de uma amostra. A NBR 14653-2 prevê a utilização efetiva de pelo menos cinco elementos, conforme já explicado, para atingir o grau de fundamentação 2.
- Na "pesquisa atual de valores imobiliários" (*sic*), consideram-se sete elementos de locais diferentes, com diferentes índices locais e de diferentes épocas, dimensões e áreas, sem fazer as necessárias homogeneização, transposição e atualização, e, a partir disso, obtém-se uma "média" que não se aproxima de nenhum dos elementos apresentados.
- No saneamento dessa "média", excluem-se três elementos, restando, pois, apenas quatro, e a NBR 14653-2 estabelece a utilização efetiva de pelo menos cinco elementos para grau de fundamentação 2, obtendo, então, uma "média" saneada.
- A essa média saneada são aplicados critérios aleatórios de redução, cuja ordem não encontra nenhuma explicação plausível além da aproxima-

ção de valores dispares de sentença com valores dispersos no tempo e no espaço de "pesquisas", em um mero exercício de subjetivismo empírico, para culminar em uma terceira "média" que não é representativa de valor algum, pois não encontra amparo em nenhuma norma de avaliação de imóveis.

O assistente técnico da Prefeitura Municipal de Jundiaí incorre em engano quando afirma que a área ocupada foi de 7.672,00 metros quadrados para a construção da marginal direita. A área ocupada para a construção da marginal direita foi de 8.248,80 metros quadrados e já foi indenizada, conforme se observa pela Apelação nº 95.909 do 2º Tribunal de Alçada Cível.

Torna-se difícil a crítica à avaliação procedida pelo Eng. Paulo da Silva. Para evitarmos uma prolixidade excessiva, que alongaria em demasia este laudo, diremos apenas que não há embasamento estatístico na média obtida tanto em relação ao número de ofertas e à qualidade das mesmas, que nem sequer se aproximam uma da outra, quanto em relação aos critérios subjetivos empregados na homogeneização (fator para terrenos alagadiços, fator para terrenos em área *non aedificandi*, fator de homogeneização).

Em vista do exposto, não podendo optar por qualquer um dos laudos, o signatário procederá, nos capítulos seguintes, a novas considerações e consequentemente à determinação do valor mais provável de mercado do imóvel.

4.1.3 Descrição do imóvel expropriando e do local

Concordamos com o Eng. Rui da Silva na descrição do imóvel expropriando e do local, tendo como única observação o fato de que constatamos a existência de poços de inspeção de rede de esgoto na área ainda não ocupada pela marginal esquerda.

4.1.4 Avaliação

Critérios de avaliação

Sem querer entrar no mérito jurídico da questão, não discutiremos se a área reservada à marginal esquerda e a área correspondente ao antigo álveo do rio Jundiaí são ou não indenizáveis. Apenas registraremos que os únicos sinais de ocupação são os poços de inspeção de esgoto sobre o terreno dos expropriados, mas que, em compensação, concede-lhes a área correspondente ao antigo álveo.

Assim, calcularemos os valores correspondentes a cada uma das áreas pretendidas como indenizáveis, entendendo que foram fornecidos os elementos necessários para julgamento daquilo que for de direito a cada uma das partes.

Considerando que, da área total de 19.610,80 metros quadrados destacada do Sítio Palmeiras e requerida para indenização nesses autos, 3.700,00 metros quadrados referem-se à área do álveo abandonado do antigo leito do rio Jundiaí, 8.248,80 metros quadrados são referentes à área da marginal direita do rio Jundiaí retificado, a qual já foi indenizada na Apelação Cível nº 95.909 do 2º Tribunal de Alçada do Estado de São Paulo (DOC nº 3), e 7.672,00 metros quadrados são destinados à abertura da Avenida Marginal Esquerda do rio Jundiaí, calcularemos os valores das áreas de 3.700,00 metros quadrados (álveo do antigo leito) e de 7.672,00 metros quadrados (marginal esquerda).

O critério a ser considerado será o mesmo utilizado pelo Eng. Roberto da Silva na avaliação da gleba de 75.655,85 metros quadrados, na qual foi incluída a área de 8.248,80 metros quadrados e da qual as áreas ora em consideração são remanescentes e por várias razões não foram incluídas naquele processo. Portanto, não vemos razão para que esses remanescentes recebam tratamento diverso do conjunto a que pertenciam, uma vez que a sua desvalorização não se inclui no *quantum* da indenização atribuída ao principal.

Cálculo do unitário

Seleção das ofertas

Foram examinadas *in loco* as ofertas apresentadas pelo Eng. Roberto da Silva no laudo anexo para confirmação das características descritas. Confirmaram-se as descrições de cinco das seis ofertas; apenas a oferta que aparece com o nº 4 em seu laudo não foi localizada, e preferimos, então, abandoná-la, acrescentando outra oferta que obtivemos no local.

Tratamento das ofertas

- Redução de 10% no preço devida à elasticidade das ofertas (superestimativa do vendedor).
- Redução do saldo, facilitando o prazo para pagamento à vista – nesse caso, será aplicada a taxa de 35% ao mês, relativa à correção monetária, e acrescida de mais 1% ao mês devido a juros, caso a oferta decline a condição "sem juros".
- Preços unitários obtidos pelas fórmulas preconizadas nas normas gerais para avaliações e laudos em desapropriações.
- Para a região em estudo, que é classificada como do segundo tipo de conformidade com as normas de 1975, os parâmetros dos lotes são os seguintes:

- Profundidade máxima (Ma) = 40 m;
- Profundidade mínima (Mi) = 25 m;
- Testada de referência (r) = 10 m.

◇ Atualização dos valores na proporção dos índices e custos de vida publicados pela Fipe/USP: o índice para fevereiro/1980, calculando-se mediante extrapolação dos anteriores, é de 2.200,00.

◇ Transposição dos unitários por meio das plantas genéricas de valores de Campo Limpo. A planta apresenta para a Avenida Aderbal da Costa Moreira, na área desapropriada, o código nº 45, que é equivalente ao índice fiscal 210.

Relação entre as ofertas e os cálculos do unitário

◇ Local: Avenida Aderbal da Costa Moreira – Lote 5 – Quadra A.
Código: 45, equivalente ao índice fiscal 210.
Área: 330,05 m², com 10,04 m de frente (profundidade equivalente = 32,87 m).
Preço: R$ 200,00/m² à vista.
Fonte: Escritura de Compra e Venda lavrada em 18 de abril de 1979 no 1º Cartório de Notas e Ofícios de Jundiaí (Livro 515, fl. 38). Outorgante: Empreendimentos Mário Pinheiro e De Lucci. Outorgado: Manoel Caetano Almeida.

$$q_1 = \frac{R\$\ 200{,}00/m^2}{330{,}05\ m^2} \times \left(\frac{10{,}00}{10{,}04}\right)^{\frac{1}{4}} \times \frac{2.200{,}00}{730{,}49} \times \frac{210}{210}$$

$$q_1 = R\$\ 182{,}31/m^2$$

◇ Local: Avenida Aderbal da Costa Moreira – Lote 2 – Quadra A.
Código: 45, equivalente ao índice fiscal 210.
Área: 960,00 m², com 12,00 m de frente para a Avenida e 12,00 m de frente para a Rua 3 (profundidade equivalente = 80,00 m). Fator para duas frentes = 1,15.
Preço: R$ 200,00/m² à vista.
Oferta: com o proprietário Sr. Luiz Filippin Montecelli – Avenida Aderbal da Costa Moreira, nº 196.
Fonte: no local com o proprietário (maio de 1980).

$$q_2 = \text{R\$ } 200{,}00/\text{m}^2 \times 0{,}9 \times \left(\frac{10}{12}\right)^{\frac{1}{4}} \times \frac{1}{1{,}15} \times \left(\frac{80}{40}\right)^{\frac{1}{4}} \times \frac{210}{210} \times \frac{2.200.000}{1.307.710}$$

$$q_2 = \text{R\$ } 355{,}79/\text{m}^2$$

- Local: Rua Fernão Dias Paes – Vila Tomazina.

  Código: 43, equivalente ao índice fiscal 180.

  Área: 450,00 m², com 16,00 m de frente (profundidade equivalente = 28,12 m).

  Preço: R$ 150,00/m² à vista.

  Oferta: Imobiliária Cirilo de Alexandria Almeida – Avenida Cardeal da Costa Moreira.

  Fonte: no local. Vendido em julho de 1980.

$$q_3 = \text{R\$ } 150{,}00/\text{m}^2 \times \frac{210}{180} \times \frac{2.200.000}{1.445.842} \times \left(\frac{10}{16}\right)^{\frac{1}{4}}$$

$$q_3 = \text{R\$ } 236{,}76/\text{m}^2$$

- Local: Rua Barão de Jundiaí – Vila Inapa – Lote 6.

  Índice fiscal remanejado: 125.

  Área: 600,00 m², com 20,00 m de frente (p.e. = 30,00 m).

  Preço: R$ 100,00/m².

  Oferta: Imobiliária Cirilo de Alexandria Almeida – Avenida Aderbal da Costa Moreira, nº 246. Telefones: 439-1149 e 439-1011.

  Fonte: no local. Vendido em outubro de 1980.

$$q_4 = \text{R\$ } 100{,}00/\text{m}^2 \times \frac{210}{125} \times \left(\frac{10}{20}\right)^{\frac{1}{4}} \times \frac{2.200.000}{1.728.532}$$

$$q_4 = \text{R\$ } 179{,}80/\text{m}^2$$

- Local: Rua do Rosário, na esquina com a Rua Antônio Raposo Tavares.

  Código: 44, equivalente ao índice fiscal 190.

  Área: 4.100,00 m² (lotes contíguos), com 80,00 m de frente (profundidade equivalente = 51,25 m). Fator para duas frentes = 1,15.

  Preço: R$ 150,00/m² à vista.

  Fonte: no local em maio de 1980.

$$q_5 = \text{R\$ } 150{,}00/\text{m}^2 \times 0{,}9 \times \left(\frac{10}{20}\right)^{\frac{1}{4}} \times \left(\frac{51{,}25}{40}\right)^{\frac{1}{2}} \times \frac{210}{190} \times \frac{2.200.000}{1.307.710}$$

$$q_5 = \text{R\$ } 238{,}92/\text{m}^2$$

- Local: Avenida Presidente Vargas, na esquina com a Rua Campos Salles – Vila Tavares.
  Código: 44, equivalente ao índice fiscal 190.
  Área: 660,40 m², com 25,00 m de frente (p.e. = 26,41 m). Fator para duas frentes = 1,15.
  Preço: R$ 130,00/m² à vista.
  Fonte: imóvel adquirido pela Caixa Econômica do Estado de São Paulo em março de 1979, conforme informações prestadas pelo Sr. Gerente da agência instalada na Prefeitura Municipal.

$$q_6 = \text{R\$ } 130{,}00/\text{m}^2 \times \left(\frac{10}{20}\right)^{\frac{1}{4}} \times \frac{1}{1{,}15} \times \frac{210}{190} \times \frac{2.200.000}{706.617}$$

$$q_6 = \text{R\$ } 327{,}10/\text{m}^2$$

Em seguida, resumem-se os resultados:
q_1 = R$ 182,31/m²;
q_2 = R$ 355,79/m²;
q_3 = R$ 236,76/m²;
q_4 = R$ 179,80/m²;
q_5 = R$ 238,92/m²;
q_6 = R$ 327,10/m².

$$\text{Total} = \text{R\$ } 1.520{,}71/\text{m}^2$$

$$\text{Média} = \frac{\text{R\$ } 1.520{,}71/\text{m}^2}{6} = \text{R\$ } 253{,}45/\text{m}^2$$

Verificam-se as discrepâncias:
Limite superior: R$ 253,45 × 1,3 = R$ 329,48/m²;
Limite inferior: R$ 253,45 × 0,7 = 177,41/m².

Por fim, descarta-se o elemento nº 2, discrepante em mais de 30% acima da média. Com isso, chega-se a uma média saneada de R$ 232,98/m² ≈ R$ 233,00/m².

Cálculo dos valores das áreas

Considerando a inexistência, na zona urbana próxima ao centro da cidade, de ofertas recentes comparáveis à gleba considerada pelo Eng. Roberto, o único método possível de ser utilizado nessa avaliação é o involutivo.

Esse método consiste na determinação do valor de gleba por meio da comparação com valores de lotes ofertados ou negociados nas imediações, com os necessários descontos de todos os custos e despesas decorrentes da implantação de um loteamento.

Para a aplicação do método involutivo, será utilizado o trabalho do insigne Eng. Hélio de Caires, publicado pelo Instituto Brasileiro de Avaliações e Perícias de Engenharia (Ibape), na obra intitulada *Engenharia de avaliações*, com a devida adaptação às condições específicas da área considerada.

A fórmula desenvolvida para cálculo expedito de pequenas glebas cujo loteamento possa ser absorvido em prazos curtos é:

$$V_T = 0{,}886 \times V_L - DJ \qquad \textbf{(4.1)}$$

em que V_T é o valor da gleba bruta, V_L é o valor total apurado na venda dos lotes resultantes do loteamento e DJ são as despesas de urbanização, que incluem projetos, levantamentos topográficos, melhoramentos públicos, entre outros.

As despesas de urbanização da área são as seguintes, calculadas levando em conta os serviços adiante relacionados:

a. Levantamento topográfico da área – projeto – locação

   De acordo com a tabela de honorários profissionais do Instituto de Engenharia, tem-se:

   - Levantamento da área (no montante de até 10 ha) = 15% do salário mínimo mensal por ha.

     Sendo o montante de 7,56 ha:

     $$V_1 = 7{,}56 \text{ ha} \times \text{R\$ } 578{,}88 \times 0{,}15$$
     $$V_1 = \text{R\$ } 656{,}50$$

   - Medição e divisão da área (com locação de até 100 ha) = 25% do salário mínimo por ha.

     $$V_2 = 7{,}56 \text{ ha} \times \text{R\$ } 578{,}88 \times 0{,}25$$
     $$V_2 = \text{R\$ } 1.094{,}00$$

b. Aterro da área

   Considerando-se a baixa capacidade de suporte do solo superficial, deve ser previsto o custo referente ao serviço de 1,00 m de aterro do imóvel com espalhamento:

   $$V_3 = 75.655{,}88 \text{ m}^2 \times \text{R\$ } 18{,}00/\text{m}^2 \times 1{,}00 \text{ m}$$
   $$V_3 = \text{R\$ } 1.361.800{,}00$$

c. Abertura de ruas

   Sendo de 75.655,88 m² a área do imóvel, a Prefeitura local exige o percentual de 20% destinado às ruas, ou seja, 75.655,80 m² × 0,2 = 15.131,00 m² de ruas. Calculado em R$ 1,70/m² o custo de abertura dessas ruas com equipamento mecânico, tem-se:

$$V_4 = R\$ 1{,}70/m^2 \times 15.131{,}00\ m^2$$
$$V_4 = R\$ 25.722{,}70$$

d. Colocação de guias e sarjetas

Faz-se: 15.131,00 $m^2 \div 8{,}00$ m = 1.891 m.

Assim, os serviços de colocação de guias e sarjetas resultam em 1.891 m × 2 lados = 3.782,00 m.

O custo de fornecimento e colocação de guias tipo Prefeitura, segundo a tabela atual publicada em revistas e publicações especializadas no ramo, é de R$ 60,00/m.

O custo da execução de sarjeta (1,00 m × 0,60 m × 0,15 m) de concreto moldada *in loco* é de R$ 62,00/m.

Dessa forma, o custo total desse serviço é de:

$$V_5 = 3.782{,}00\ m\ (R\$ 60{,}00/m + R\$ 62{,}00/m)$$
$$V_5 = 3.782{,}00 \times R\$ 122{,}00/m$$
$$V_5 = R\$ 461.404{,}00$$

e. Asfaltamento

Sendo a área de ruas igual a 15.131,00 m^2, o custo de pavimentação dessa superfície é (os custos unitários foram extraídos de publicação especializada no ramo Construção São Paulo):

- Sub-base de até 0,40 m, incluindo escavação, transporte e aterro

$$15.131{,}00\ m^2 \times R\$ 130{,}00/m^2 = R\$ 196.703{,}00$$

- Base de macadame hidráulico de 10 cm, para trânsito leve

$$15.131{,}00\ m^2 \times R\$ 19{,}00/m^2 = R\$ 287.489{,}00$$

- Base de macadame betuminoso de 7,5 cm, para trânsito leve

$$15.131{,}00\ m^2 \times R\$ 19{,}00/m^2 = R\$ 287.489{,}00$$

- Capa de concreto asfáltico de 4 cm.

$$15.131{,}00\ m^2 \times R\$ 24{,}00/m^2 = R\$ 363.144{,}00$$

$$Total = V_6 = R\$ 1.134.825{,}00$$

f. Rede de água

O custo de fornecimento de tubulações de PVC de diâmetro 50 mm, próprias para rede de água e aprovadas pela Sabesp, e de assentamento da referida rede em vala de 40 cm de profundidade, bem como de fornecimento de registro para 150,00 m, é de R$ 42,00/m, atualizado para a data da avaliação.

Sendo a extensão total das ruas a serem beneficiadas de 1.891 m, o custo total desses serviços é de:

$$V_7 = 1.891 \text{ m} \times \text{R\$ } 42{,}00/\text{m}$$

$$V_7 = \text{R\$ } 79.422{,}00$$

g. Posteamento

Considerando-se a extensão das ruas como 1.891,00 m e um poste para cada 25,00 m, chega-se à seguinte quantidade de postes:

1.891,00 m ÷ 25,00 = 75 postes.

Segundo publicações especializadas, o custo do fornecimento de cada poste de concreto aramado com 9,00 m de altura (carga de 200 kg) é da ordem de R$ 1.440,00 por unidade, incluindo fiação dupla correspondente ao intervalo de cada poste, cruzetas, parafusos e demais acessórios.

Dessa forma, o custo total desses serviços resulta em:

$$V_8 = \text{R\$ } 1.440{,}00/\text{m} \times 75 \text{ unidades}$$

$$V_8 = \text{R\$ } 108.000{,}00$$

Por fim, o custo total dos serviços de urbanização é:

$$V_1 = \text{R\$ } 656{,}50$$

$$V_2 = \text{R\$ } 1.094{,}00$$

$$V_3 = \text{R\$ } 1.361.800{,}00$$

$$V_4 = \text{R\$ } 25.722{,}70$$

$$V_5 = \text{R\$ } 461.404{,}00$$

$$V_6 = \text{R\$ } 1.134.825{,}00$$

$$V_7 = \text{R\$ } 79.422{,}00$$

$$V_8 = \text{R\$ } 108.000{,}00$$

$$\text{Total} = \text{R\$ } 3.172.924{,}20$$

É importante frisar que os serviços anteriormente relacionados correspondem aos melhoramentos públicos existentes nas vias cadastradas com o código 45. Dessa forma, há uma equivalência entre os melhoramentos públicos e a situação físico-econômica das ruas de código básico 45, que resultou no unitário a ser aplicado no imóvel e aqueles previstos nas despesas de urbanização.

Retoma-se a Eq. 4.1:

$$V_T = 0{,}886 \times V_L - DJ$$

Assim, têm-se que:

$$V_L = S_1 \times q \qquad \textbf{(4.2)}$$

e

$$S_1 = S_1 \times 0{,}65 \qquad \textbf{(4.3)}$$

já que, por imposição do Decreto Municipal, para urbanização de glebas, uma parcela de 35% de sua área deve ser destinada a logradouros públicos (ruas, áreas verdes e áreas para fins institucionais).

Desse modo, a área efetivamente loteável e vendável é de:

$$S_1 = 75.655{,}88\ m^2 \times 0{,}65$$
$$S_1 = 49.176{,}32\ m^2$$

Portanto, o valor total apurado para a urbanização da gleba é de:

$$V_L = S_1 \times q$$
$$V_L = 49.176{,}32\ m^2 \times R\$\ 233{,}00/m^2$$
$$V_L = R\$\ 11.458.082{,}50$$

Substituindo os termos na Eq. 4.1, tem-se:

$$V_T = 0{,}886 \times R\$\ 11.458.082{,}50 - R\$\ 3.172.924{,}20$$
$$V_T = R\$\ 6.978.936{,}80$$

Esse valor atual da gleba indeniza por meio da Apelação Cível nº 95.909 do 2º Tribunal de Alçada Cível, no qual já estão incluídos, na equação de método involutivo, o percentual de 10% devido ao lucro do empreendimento e o de 5% das despesas de venda de corretagem.

Para calcular os valores das áreas correspondentes ao álveo do antigo leito do rio (3.700,00 m²) e da margem esquerda (7.672,00 m²), basta dividir o preço da gleba por sua área total, obtendo-se com isso o preço do metro quadrado médio, e multiplicar por cada uma das áreas consideradas.

◈ Valor da área do álveo abandonado do antigo leito do rio Jundiaí

$$V_R = 3.700{,}00\ m^2 \times \frac{R\$\ 6.978.936{,}80}{75.655{,}88\ m^2} = R\$\ 341.309{,}40$$

◈ Valor da área destinada à avenida marginal esquerda do rio

$$V_M = 7.672{,}00\ m^2 \times \frac{R\$\ 6.978.936{,}80}{75.655{,}88\ m^2} = R\$\ 707.709{,}70$$

Caso se deseje conhecer o valor das áreas na época da apresentação do primeiro laudo judicial (fl. 144), aplicam-se para tanto os índices econômicos de custo de vida da Fipe/USP:

- Para a área do álveo

$$V_R = R\$\ 341.309{,}40 \times \frac{653.332}{2.200} = R\$\ 101.358{,}30$$

- Para a área da margem esquerda

$$V_M = R\$\ 707.709{,}70 \times \frac{653.332}{2.200} = R\$\ 210.167{,}90$$

Aferição do valor atual

A norma de avaliações de 1975 (Comissão de Peritos do Provimento, 1975) recomenda, em seu item 1.3.3, que os fatores de gleba sejam utilizados em cálculo apenas para aferição do valor obtido pelo método comparativo ou involutivo.

A tabela de fatores de gleba para o município de Campo Limpo Paulista determina o fator de gleba interpolado de 0,42 para as áreas situadas no intervalo 75.000-100.000 m² (a área objeto da ação possui 75.655,88 m²). Nesse caso, a equação resultante para aplicação do fator gleba é:

$$V_T = S_T \times q \times fg \tag{4.4}$$

em que:

V_T = valor da área para aplicação do fator gleba;

S_T = área do imóvel = 75.655,88 m²;

q = unitário básico de pesquisa = R$ 233,00/m²;

fg = fator gleba = 0,42.

Tem-se, portanto:

$$V_T = 75.655\ m^2 \times R\$\ 230{,}00/m^2 \times 0{,}42$$

$$V_T = R\$\ 7.403.684{,}40$$

Esse valor é da mesma ordem de grandeza que o valor de R$ 6.978.936,80, calculado pelo método involutivo (diferença de apenas 6%, perfeitamente tolerável em termos avaliatórios).

Indenização

Conforme dito no início da seção 4.1.4, serão apresentadas duas hipóteses de indenização.

- 1ª *hipótese*: indenização das duas áreas (do álveo e da marginal esquerda): V_1 = R$ 1.049.019,10 (um milhão, quarenta e nove mil e dezenove reais e dez centavos).
- 2ª *hipótese*: indenização da área destinada à avenida marginal esquerda do rio (sem a área do álveo):

  V_2 = R$ 707.709,70 (setecentos e sete mil, setecentos e nove reais e oitenta centavos).

Respostas aos quesitos dos autores (únicos) (fl. 387)

1. Qual a área exata do imóvel expropriado versado no presente documento a ser indenizada pelos Poderes Públicos demandados?

   Resposta: 11.372,00 m², se for adotada a 1ª hipótese (ver seção anterior), ou 7.672,00 m², se for adotada a 2ª hipótese.
2. Tal área representa parte da que foi ocupada na construção da Avenida Marginal do rio Jundiaí, na cidade de Campo Limpo Paulista? Situa-se em local privilegiado da aludida cidade, em pleno centro urbano, na zona bancária?

   Resposta: Tais áreas representam a área destinada à construção da Avenida Marginal Esquerda do rio Jundiaí do álveo abandonado do antigo leito do rio Jundiaí, na cidade de Campo Limpo Paulista. A Avenida Marginal Esquerda do rio Jundiaí não se encontra ainda construída na área objeto desse processo, notando-se apenas alguns poços de inspeção de esgoto. Essa avenida prossegue, já construída, fora da área ora considerada e o trecho ainda não carroçável é substituído pela Avenida Alfried Krupp, à qual o trecho se liga por meio de um atalho. Essa área situa-se em local privilegiado da cidade, em pleno centro urbano, comercial e administrativo.
3. Não é certo que nas adjacências da área referida já se encontram edificados o Paço Municipal e o Centro Esportivo General Aldévio Barbosa Lemos, empreendimentos de maior amplitude e grandiosidade?

   Resposta: Sim.
4. Assim, qual o valor justo, real e atual da área em causa, considerando principalmente os valores imobiliários atualmente vigentes para o centro urbano de Campo Limpo Paulista, notadamente nas suas adjacências?

   Resposta: R$ 1.049.019,10, se for adotada a 1ª hipótese (ver seção anterior), ou R$ 707.709,70, em caso de adoção da 2ª hipótese.

4.1.5 Encerramento

Nada mais havendo a esclarecer, o signatário dá por encerrado o presente laudo, que consta de 29 folhas datilografadas e rubricadas, sendo esta última datada e assinada.

São Paulo, 4 de fevereiro de 1981

JOSÉ FIKER, engenheiro civil, Crea/SP nº 23978, PRESIDENTE da Câmara de Valores e Avaliações do Instituto Brasileiro de Avaliações e Perícias de Engenharia (Ibape), VICE-COORDENADOR da Divisão Técnica de Avaliações e Perícias do INSTITUTO DE ENGENHARIA, SECRETÁRIO da Comissão de Estudos de Normas de Vistorias e Avaliações da Associação Brasileira de Normas Técnicas (ABNT).

A seguir, no Exemplo 4.2, apresenta-se uma orientação para laudos menos complexos.

Exemplo 4.2

4.2.1 Preliminares

- *Objetivo*: dizer qual a finalidade de avaliação.
- *Informações sobre o imóvel*: declinar o endereço do imóvel.
- *Histórico*: explicar por que surgiu a necessidade de se proceder à avaliação do imóvel (por exemplo, porque o expropriado não concordou com o valor oferecido).

4.2.2 Vistoria

Do local

- *Localização*: indicar setor, quadra e lote do imóvel segundo os mapas de valores fiscais da municipalidade, nome do logradouro, código de endereçamento postal, número do CADLOG (cadastro de logradouro) e nomes das ruas que completam a quadra.
- *Características do local*: discorrer sobre melhoramentos públicos, importância do logradouro na região e características físicas e geoeconômicas.
- *Zoneamento*: descrever as categorias de uso permitidas e o dimensionamento (área mínima, recuos obrigatórios, taxa de ocupação e coeficiente de aproveitamento).

Do imóvel

- *Vistoria do terreno*: fornecer elementos sobre dimensões, topografia e consistência do solo.
- *Vistoria da construção*: descrever os cômodos e seus respectivos pés-direitos, acabamentos de pisos, paredes e forros, esquadrias e peças, além de fachada, estrutura e tipo de telhado. Indicar também área, classificação e idade real e/ou estimada.

4.2.3 Avaliação

Critérios

Explicar quais normas serão utilizadas e quais os pressupostos assumidos em função da documentação oferecida, principalmente em termos de áreas e dimensões.

Metodologia

Descrever os métodos que serão utilizados.

Valor do terreno

Apresentar a fórmula a ser utilizada para cálculo do valor, explicando o que quer dizer cada elemento da notação algébrica.

Por exemplo:

$$V_T = A \cdot \nu \cdot \left(\frac{F_e}{F_r} \right)^{0,25}$$

em que:

V_T = valor do terreno;

A = área do terreno = 414,20 m²;

ν = valor unitário = R$/m² (15 m de frente, 30 m de profundidade mínima e 60 m de profundidade máxima);

F_r = frente de referência do terreno = 15 m;

F_e = frente efetiva do terreno = 12 m.

Substituindo-se os valores na equação:

$$V_T = 414{,}20 \cdot \nu \cdot \left(\frac{12}{15} \right)^{0,25} = 391{,}73\nu$$

Deve-se substituir ν em função do valor unitário obtido em pesquisas de valores, que podem figurar anexas ao laudo ou fazer parte do próprio corpo. Assim, por exemplo, o valor unitário para o local em questão é de R$ 860,00, válido para (mês/ano). Tem-se, portanto:

$$V_T = 391{,}73 \times R\$\ 860{,}00 = R\$\ 336.887{,}80$$

Arredondando-se o valor obtido, tem-se R$ 337.000,00 (trezentos e trinta e sete mil reais).

Valor da construção

Apresentar a fórmula a ser utilizada para cálculo do valor, explicando o que quer dizer cada elemento da notação algébrica.

Por exemplo:

$$V_b = \nu \cdot A \cdot F_d$$

em que:

V_b = valor da construção;

ν = valor unitário da construção (padrão fino a médio superior) = R$ 1.500,00/m²;

A = área da construção = 414 m²;

F_d = fator de depreciação da construção = 0,818.

Substituindo-se os valores na equação:

$$V_b = R\$\ 1.500{,}00 \times 414\ m^2 \times 0{,}818 = R\$\ 507.978{,}00$$

Arredondando-se o valor obtido, tem-se R$ 508.000,00 (quinhentos e oito mil reais).

Valor do imóvel

Efetuar a soma dos valores do terreno e da construção e, quando for o caso, adicionar a vantagem da coisa feita.

4.2.4 Respostas aos quesitos

Responder objetivamente aos quesitos da autora e da ré.

4.2.5 Encerramento

Dizer de quantas folhas consta o laudo e apontar que todas as folhas estão rubricadas e a última, datada e assinada. Referir-se, ainda, aos anexos constantes do laudo (fotografias, pesquisa de valores etc.). Por fim, datar e assinar o laudo, colocando abaixo as credenciais do perito (engenheiro civil, Crea, membro do Ibape etc.).

5

PARECER TÉCNICO DO ASSISTENTE

Os pareceres técnicos dos assistentes poderão ser concordantes ou discordantes do laudo do perito judicial. Em qualquer um dos casos, seu objetivo será sempre o de verificar todos os pontos do laudo oficial, de maneira clara e objetiva e no interesse das partes envolvidas, sem falsidades ou distorções. Portanto, na lide judicial, não se espera que o assistente técnico elabore laudo próprio.

Esse profissional deve se ater sempre aos possíveis enganos e omissões do laudo oficial. Deverá mencionar explicitamente a conferência de todos os itens referidos anteriormente e, em especial, dos índices usados e das operações aritméticas procedidas. Seus cálculos básicos, salvo casos especiais, deverão ser feitos para a mesma data do laudo oficial.

PARECER TÉCNICO CONCORDANTE

Caso o assistente não encontre razão para discordar do laudo oficial, elaborará um parecer técnico concordante, explicando item por item por que concorda com o laudo e, assim, revelando explicitamente a conferência de todos os pontos.

Apresenta-se a seguir um exemplo de parecer técnico concordante.

Exemplo 6.1

Exmo. Sr. Dr. Juiz de Direito da Vara da Fazenda Municipal (Autos nº 935/76)

JOSÉ FIKER, engenheiro civil, Crea nº 23978, assistente técnico da Empresa Paulista de Melhoramentos – na AÇÃO DE DESAPROPRIAÇÃO que promove contra Roberto Silva, tendo precedido às necessárias diligências e concordando com a avaliação do Sr. Perito Judicial, apresenta a V. Exa. os motivos de sua concordância, consubstanciado no seguinte

PARECER TÉCNICO CONCORDANTE

6.1.1 Objetivo da ação

A autora ajuizou a presente ação para desapropriar parcialmente o imóvel sito à Rua Dante Marteletti, L. 36, declarando-o de utilidade pública, para fim de desapropriação, por ser necessário à execução de obra de retificação e canalização do córrego Aricanduva.

6.1.2 Avaliação oficial

O Sr. Perito Judicial avaliou o imóvel em R$ 54.708,00 (cinquenta e quatro mil, setecentos e oito reais), assim distribuídos:

- Valor do terreno: R$ 47.908,00;
- Valor das benfeitorias: R$ 6.800,00;
- Valor total: R$ 54.708,00.

6.1.3 Análise do laudo oficial

Descrição do imóvel expropriando e do local

É aceitável a descrição do terreno expropriando feita pelo Eng. Castor, no que diz respeito a suas medidas, área e melhoramentos. Tratava-se de um terreno com 8,00 m de frente (testada efetiva = 7,70 m), área de 206,80 m² e profundidade equivalente de 26,85 m. Desse terreno foi expropriada uma faixa, situada nos fundos do lote, medindo 7,70 m de frente, 7,87 m de fundos, 7,66 m de lado direito de quem olha do imóvel para a Rua Dante Marteletti e 7,38 m de lado esquerdo de quem olha do imóvel para a citada rua, encerrando uma área de 57,79 m². O remanescente é perfeitamente aproveitável, ficando com a mesma frente atual, com 17,39 m do lado direito e 18,42 m do lado esquerdo de quem olha do imóvel para a Rua Dante Marteletti e com 7,70 m nos fundos, com profundidade equivalente dentro dos limites Mi = 10 m + recuo e Ma = 40 m.

Na faixa desapropriada não há benfeitorias a considerar; no entanto, deve ser fixada a verba para muro de fecho e calçada.

Avaliação

Valor do terreno

O signatário concorda com a avaliação do terreno feita pelo perito oficial porque, para sua obtenção, foram usados os critérios adequados e o preço unitário apropriado, estando os cálculos aritméticos corretos.

Os critérios são adequados porque correspondem aos recomendados no item 1.5.1 das Normas para Avaliações e Laudos em Desapropriações nas Varas da Fazenda Municipal (Comissão de Peritos do Provimento, 1975) e o preço unitário é o estipulado pelo estudo da Comissão de Peritos de Provimento nº 4/76 para o local. Foi utilizado o critério geral do metro quadrado "médio" do lote primitivo, uma vez que não ocorreu desvalorização do remanescente, pois a profundidade equivalente se manteve dentro dos limites estabelecidos para o local. Para cálculo do metro quadrado "médio" do lote primitivo foi utilizado o fator de testada, por ser inferior ao de referência (item 1.1.2 das normas citadas). O preço está correto, com sua competente atualização.

Valor das benfeitorias

Concordamos também com a inclusão da verba para muro de fecho e calçada que se justifica pelo item 3.3 das normas (Comissão de Peritos do Provimento, 1975), que recomenda a previsão de verbas para reconstituição de passeios, adaptação do remanescente etc. As verbas previstas se nos afiguram como adequadas, estando corretos os cálculos.

6.1.4 Indenização

Tendo em vista o exposto e sendo corretos os cálculos aritméticos, não há o que contestar no resultado final da indenização.

Vai o presente parecer técnico digitado em quatro folhas de um só lado, todas rubricadas, e esta última datada e assinada.

São Paulo, 16 de junho de 1976

Eng. José Fiker
Eng. Civil – Crea nº 23978
Membro Titular do Ibape

7

PARECER TÉCNICO DISCORDANTE

O assistente não tem obrigação de discordar sempre do laudo do perito; seu compromisso maior é com a veracidade dos fatos. Assim, o assistente que distorce os fatos em benefício de seu cliente está fazendo falsa perícia e fica sujeito às penalidades pertinentes constantes dos Códigos Civil e Penal. Sua formação científica o obriga a trazer a lume a verdade. A defesa do cliente está a cargo de seu advogado.

A obrigação do assistente consiste em analisar minuciosamente o laudo oficial e apontar os enganos e omissões que porventura ocorrem. A seguir, apresentam-se alguns erros comuns que acontecem em laudos e que devem ser indicados pelo assistente:

- *Erros de cálculo aritmético*: Deve-se verificar todas as contas. Ao contrário do que se pensa, é comum ocorrerem enganos aritméticos, principalmente na parte de pesquisa de valores, em que há muitas contas e, às vezes, informações insuficientes fazem com que o perito reveja os cálculos e se esqueça de alterar algumas operações.
- *Falta de correspondência entre o valor tabelado e o valor real*: Quando o preço unitário do terreno for decorrente de estudos em comissões de peritos, é possível que o valor adotado não seja exatamente aquele proposto pelo estudo para aquele local específico. Verificar sempre os números do setor e da quadra correspondentes ao imóvel em avaliação.
- *Enganos com relação à Lei de Zoneamento*: Verificar sempre no mapa de zoneamento se a zona em que se encontra o imóvel é aquela

que o perito consignou para o local. Observar também se os usos conformes e as dimensões e coeficientes construtivos para os lotes são aqueles consignados pelo perito. Lembrar que o emprego de fatores de zona predeterminados para homogeneizar elementos de pesquisa de zonas diferentes é hoje condenado pelo Metrô, que foi quem elaborou a tabela de fatores de zona, e pelo Instituto Brasileiro de Avaliações e Perícias de Engenharia (Ibape), por meio de artigos escritos por seus associados Oswaldo Annunziato, José Carlos Pellegrino e José Fiker. Aconselha-se evitar o emprego de elementos de zonas diferentes. Se isso não for possível, então se deve tirar médias dos elementos de cada zona utilizados na pesquisa, relacioná-los entre si e estabelecer, assim, uma tabela própria de fatores de zona, válidos para o local e para o momento da avaliação.

- *Enganos com relação ao índice local da planta genérica de valores*: Verificar todos os índices locais, tanto dos dados da pesquisa quanto do imóvel objeto da avaliação. Verificar também a proximidade do dado comparativo em relação ao imóvel em avaliação, a região geoeconômica e outras características, tais como a relação entre os índices locais do dado da pesquisa e do imóvel considerado, que não devem superar o dobro nem ser inferior à metade de um em relação ao outro.
- *Índices de atualização que não espelham a realidade do mercado*: Nesses casos, telefonar à fonte, perguntando por quanto está sendo ofertado o imóvel atualmente. Lembrar que existe portaria que proíbe a utilização de dados com mais de seis meses de idade em relação à data de avaliação (Portaria nº 2/86 dos MM. Juízes das Varas da Fazenda Municipal, art. 1º). Hoje, com a adoção do Real como unidade de moeda forte, essa situação estaria sujeita a um reexame.
- *Enganos com relação à inversão de fórmulas*: Nesses casos, o erro ocorre quando se coloca em numerador o que deveria estar em denominador e vice-versa. Atentar para a exatidão dos expoentes das fórmulas de testada e de profundidade.
- *Enganos com relação à classificação da benfeitoria*: Em tais casos, argumentar de maneira concreta e objetiva e, se possível, juntar cópia xerográfica do estudo que classifica as benfeitorias, apontando as características divergentes em termos de estrutura, acabamento, número de cômodos etc.
- *Enganos com relação ao estado de conservação*: Nesses casos, em que o juiz costuma ignorar as críticas do assistente por entender que o estado de

conservação é um fator subjetivo, juntar fotos, mostrando imperfeições no imóvel, tais como trincas, vazamentos, disposição funcional dos cômodos etc., de forma a caracterizar a depreciação apontada.

Para melhor ilustrar o modelo descrito, apresenta-se uma cópia de laudo divergente.

Exemplo 7.1

Exmo. Sr. Dr. Juiz de Direito da 4ª Vara da Fazenda Municipal – Processo nº 1.017/1976

JOSÉ FIKER, engenheiro civil, Crea/SP nº 23978, assistente técnico da EMPRESA PAULISTA DE MELHORAMENTOS, na AÇÃO DE DESAPROPRIAÇÃO que promove contra ROBERTO SILVA, prosseguindo contra GERALDO SILVA E OUTROS, tendo procedido às necessárias diligências, e não podendo concordar com a avaliação do Sr. Perito Judicial, apresenta a V. Exa. os motivos de sua discordância, consubstanciados no seguinte

PARECER TÉCNICO DIVERGENTE

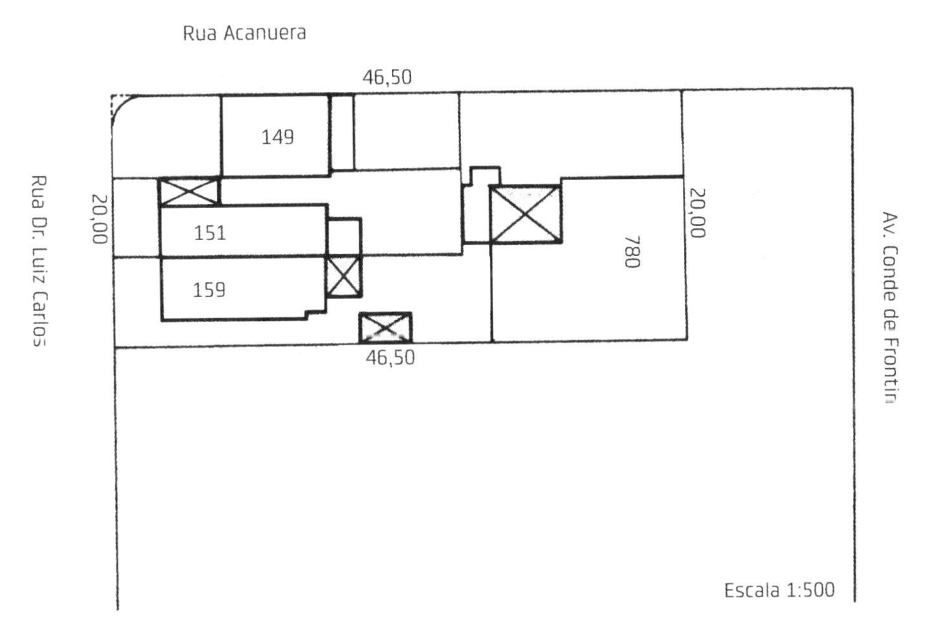

Fig. 7.1 *Disposição e dimensões dos imóveis objetos do laudo judicial*

7.1.1 Objetivo da ação

A autora ajuizou a presente ação para desapropriar totalmente os imóveis sitos na Av. Conde de Frontin nº 780 e na Rua Dr. Luiz Carlos nº 149/151/159 (Fig. 7.1), declarados de utilidade pública, mediante o Decreto nº 14.114, de 10 de dezembro de 1976, por serem necessários às obras de retificação e canalização do córrego Aricanduva.

7.1.2 Avaliação oficial

O Sr. Perito Oficial avaliou os imóveis expropriados considerando duas alternativas:

1ª alternativa

Nessa alternativa, considera-se a área do título:

V_{T1} = R$ 105.600,32;

V_B = R$ 11.709,20;

V_{I1} = R$ 117.309,52 (cento e dezessete mil, trezentos e nove reais e cinquenta e dois centavos).

2ª alternativa

Nessa alternativa, considera-se a área de posse do expropriado:

V_{T2}= R$ 118.648,25;

V_B = R$ 111.709,20;

V_{I2} = R$ 130.357,45 (cento e trinta mil, trezentos e cinquenta e sete reais e quarenta e cinco centavos).

7.1.3 Análise do laudo oficial: razões da discordância

Descrição do imóvel expropriando e do local

Concordamos com a descrição do terreno feita pelo Eng. Castor, no que diz respeito à topografia e aos melhoramentos. Entretanto, as medidas encontradas discrepam ligeiramente do levantamento que anexamos ao presente laudo:

- Frente: 20 m (projeção).
- Lado direito: 46,5 m (projeção).
- Lado esquerdo: 46,5 m.
- Fundos: 20 m.

Essas medidas conduzem a uma área de 928,87 m², inferior, portanto, à encontrada pelo ilustre perito e superior apenas em 6,5% à área titulada, motivo pelo qual a adotaremos.

Sobre a área total expropriada erigiam-se três edificações, cujas descrições e classificações coincidem com o que observamos quando de nossa vistoria. As idades aparentes parecem-nos razoáveis e as áreas pouco ou quase nada discrepam das áreas por nós encontradas.

Avaliação

Valor do terreno

O signatário não pode concordar com a avaliação do terreno procedida pelo perito judicial porque esta não segue os critérios estabelecidos pelas normas para avaliações e laudos em desapropriações nas Varas da Fazenda Municipal da Capital (Comissão de Peritos do Provimento, 1975).

O ilustre perito apresenta pesquisa de valor unitário de terreno baseada em sete elementos de ofertas, sendo que o de nº 3 e o de nº 7 estão situados em zona 3 da prefeitura, portanto, incompatível com os demais elementos de oferta que se situam em ZML ou zona 2. As normas são claras quando dizem, em seu item 1.1.4, que "a pesquisa de preços para fixação do valor unitário médio deverá compreender dados de idêntica zona de uso e ocupação do solo". Além disso, o elemento de nº 4 está situado do lado oposto da estrada de ferro, em região geoeconômica totalmente diversa da do imóvel avaliando, o que também contraria o item 1.1.4 das normas, segundo o qual a pesquisa "[...] deverá compreender dados da mesma região geoeconômica...".

O perito apresenta ainda uma previsão inflacionária de 24% ao ano quando acrescida da Tabela Price (TP), com média de 2% ao mês, ou de 36% ao ano quando sem juros, com média de 3% ao mês. Todavia, a atualização pelos índices de custo de vida considera valores de 5% ao mês.

Oferta 1:	ICV mar./80	=	1.200	=	1.3436 para seis meses
	ICV set./79	=	893,12		

$$\sqrt[6]{1,3436} = 1,05035\% \text{ ao mês}$$

Além disso, o perito apresenta, como alternativa, o valor unitário do estudo do córrego Aricanduva, elaborado pela Comissão de Peritos. Esse estudo teve seu valor como elemento unificador de preços na época em que ocorreu a maior parte das exploratórias ao longo do córrego Aricanduva, e sempre foi adotado pelo signatário, que procedeu às pesquisas na ocasião em que se comprovou a veracidade da maioria dos preços estipulados pela Pesquisa do Provimento nº 4 dos MM. Juízes das Varas Municipais, de 19 de outubro de 1976. Entretanto, já são quase quatro anos decorridos desde sua elaboração, e ainda pairam dúvidas sobre esse estudo, se ele continua sendo um bom indicador de preços na região. A verdade é que, com os melhoramentos introduzidos, a região mudou completamente de feição. Dessa forma, não podemos mais utilizar o argumento de que, por uma questão de coerência com as outras desapropriações, ainda se deve utilizar aquele estudo, mesmo que em detrimento das normas, as quais estabelecem um prazo máximo de dois anos para a validade de uma pesquisa.

Pelas razões expostas, o signatário teve que proceder à pesquisa própria e chegou ao seguinte valor unitário, conforme pesquisa constante do Anexo I deste parecer técnico:

$$q = R\$\ 66{,}98/m^2$$

Como se pode observar, o unitário encontrado em nossa pesquisa praticamente coincide com o encontrado pelo perito, salvo uma pequena atualização que, em nossa pesquisa, não foi necessária, por serem todas as ofertas coletadas no mês da avaliação.

Contudo, desejamos deixar claro que a proximidade de valores é mera coincidência, em face das irregularidades apontadas na pesquisa oficial. De qualquer forma, essa proximidade de valores reforça o fato de que o unitário encontrado representa realmente o valor de mercado, em detrimento da atualização do estudo do córrego Aricanduva.

Além disso, o perito judicial não levou em conta a desvalorização pela profundidade equivalente acima da profundidade máxima de aproveitamento eficiente, para compensar o bom aproveitamento do terreno. Não concordamos com esse procedimento porque as normas não recomendam o desprezo do fator de profundidade no caso de aproveitamento adequado, mas sim do fator de testada. Além disso, o fator de profundidade foi utilizado na homogeneização da pesquisa de valores e deve, por coerência, ser utilizado também na avaliação. Portanto, tem-se:

$$V_T = S \cdot q \cdot \left(\frac{a}{t}\right)^{0,25} \cdot K_c \cdot \left(\frac{Ma}{f}\right)^{0,5}$$

em que:

V_T = valor do terreno;

q = valor unitário;

a = testada do terreno;

t = testada de referência;

K_c = fator várias frentes;

Ma = profundidade máxima de aproveitamento eficiente;

f = profundidade equivalente.

O K_c, nesse caso, calcula-se da seguinte forma:

$$K_c = \frac{21 \times 20 \times R\$ \ 66,98 + 46,5 \times R\$ \ 20,72 + 20 \times R\$ \ 16,45}{20 \times 20 \times R\$ \ 66,98}$$

$$K_c = 1,098$$

$$\text{Área de influência} = \frac{300}{928,87} = 32,30\%$$

$$K_c = 0,3230 + 0,098 = 0,0317 \cong 0,032$$

Substituindo-se os valores literais na expressão anteriormente apresentada para o valor do terreno, resulta-se em:

$$V_T = 928,87 \ m^2 \times R\$ \ 66,88/m^2 \times \left(\frac{20}{10}\right)^{\frac{1}{4}} \times 1,032 \times \left(\frac{40}{46,5}\right)^{\frac{1}{2}}$$

$$V_T = R\$ \ 70.817,53$$

(setenta mil, oitocentos e dezessete reais e cinquenta e três centavos)

Valor das benfeitorias

Concordamos com a avaliação das benfeitorias porque o perito usou o processo apropriado (método dos preços de venda), aplicou preço adequado ao anexo ao galpão e classificou adequadamente as edificações em *modestas – valor intermediário* para as residências e *modesto – limite inferior* para o armazém, de acordo com o estudo *Edificações Valores de Venda* de 1979. As depreciações estão coerentes com as normas e os cálculos estão corretos, bem como sua competente atualização. Portanto, tem-se.

$$V_B = R\$ \ 11.709,20$$

(onze mil, setecentos e nove reais e vinte centavos)

7.1.4 Indenização

É a soma dos valores do terreno e das benfeitorias:

V_T = R$ 70.817,53;

V_B = R$ 11.709,20;

I = R$ 82.526,73 (oitenta e dois mil, quinhentos e vinte e seis reais e setenta e três centavos).

Observação: A título de esclarecimento e complementação, julgando V. Exa. pela área contida nos títulos, a indenização seria a seguinte:

$$V_T = 872{,}40\ m^2 \times \left(\frac{20}{10}\right)^{\frac{1}{4}} \times \left(\frac{40}{43{,}5}\right) \times 1{,}032$$

Dessa forma, têm-se:

V_T = R$ 68.767,52;

V_B = R$ 11.709,20;

I = R$ 80.476,72 (oitenta mil, quatrocentos e setenta e seis reais e setenta e dois centavos).

7.1.5 Quesitos da autora (únicos)

1. Quais as dimensões, confrontações e situações do imóvel expropriado?
   Resposta: Ver item 7.4.1 do presente parecer técnico.
2. Está o imóvel expropriado contido nos títulos apresentados?
   Resposta: Ver item 7.4.1 do presente parecer técnico.
3. De acordo com a Lei nº 8.326, de 2 de dezembro de 1975 (arts. 7º e 8º), a que zona pertence o imóvel? Qual o coeficiente de aproveitamento máximo? Qual a taxa de ocupação máxima?
   Resposta: De acordo com a Lei de Zoneamento, o imóvel pertence à zona de uso ZML, com o coeficiente de aproveitamento máximo de 0,4 e taxa de ocupação máxima de 0,2.
4. Os valores das ofertas, transações e resultados de laudos anteriormente apresentados e utilizados pelos Srs. Peritos numa eventual pesquisa de unitários sofreram a necessária correção à nova lei do zoneamento?
   Resposta: A crítica feita à pesquisa do laudo oficial referiu-se justamente à introdução de ofertas de zona 3 sem a necessária correção. A pesquisa feita pelo signatário efetuou as necessárias correções.
5. O terreno possui atualmente aproveitamento compatível com seu valor?
   Resposta: O terreno possui área de construção acima do permitido pela Lei de Zoneamento. Entretanto, são construções de baixo valor em relação ao terreno.
6. Qual o critério de avaliação que deve ser adotado no presente caso?

Resposta: *Vide* item 7.4.2 do corpo deste laudo.

7. Qual o valor das benfeitorias existentes no terreno expropriando?

   Resposta: O valor é de R$ 11.709,20.

8. Qual o valor do imóvel na data da oferta?

   Resposta: O valor é de R$ 82.526,73 × 317.865/1.260 = R$ 20.819,33.

9. Em face das respostas aos quesitos anteriores, qual o valor que deve ser adotado como indenização do expropriado?

   Resposta: O valor que deve ser adotado é de R$ 82.526,73.

10. Qual o valor do depósito inicial na data da avaliação?

    Resposta: O valor do depósito inicial é de R$ 9.855,35 × 1.260/317.865 = R$ 39.066,08.

Vai o presente parecer técnico datilografado em 13 folhas, de um só lado, todas rubricadas, e esta última datada e assinada.

São Paulo, 14 de maio de 1980

JOSÉ FIKER, Presidente da Câmara de Valores Imobiliários do Ibape, Vice-Coordenador da Divisão de Avaliações e Perícias do Instituto de Engenharia e membro da Comissão de Normas para Avaliações e Perícias da ABNT.

8 EXEMPLO DE APLICAÇÃO DE MÉTODO EVOLUTIVO

Suponha-se um terreno de 2.000 m² com valor de R$ 600,00/m². Nesse terreno será edificado um prédio de apartamentos ocupando 25% de sua área. Nessas condições pode-se construir até duas vezes a área do terreno, isto é, 4.000 m². Como consequência, a área do terreno será de 500 m², bem como a área dos andares-tipo. Para se completar 4.000 m², haveria 3.500 m², ou seja, sete andares-tipo de 500 m². Além disso, haveria como área não computável um subsolo de 2.000 m².

Para avaliar a construção, a NBR 12721 recomenda a adoção de tabelas elaboradas pelos sindicatos de construção civil de Estado. Na Tab. 8.1, apresentam-se tabelas do Sindicato da Indústria da Construção Civil do Estado de São Paulo (SindusCon/SP) para abril de 1997.

Tab. 8.1 Tabelas do SindusCon/SP de preços de construção

Dois quartos			
Número de pavimentos	Baixo	Normal	Alto
1	550,45	632,36	709,80
4	397,03	476,48	589,76
8	391,98	471,26	581,04
12	381,05	462,26	571,15
Três quartos			
Número de pavimentos	Baixo	Normal	Alto
1	460,68	527,63	598,23
4	347,33	413,18	503,18
8	336,02	403,31	494,69
12	329,88	398,22	488,97

Essa tabela não contempla custos de projetos, despesas com estudos iniciais, sondagens dos terrenos, taxas, emolumentos, instalações especiais, fundações profundas e elevadores, que deverão ser acrescidos aos preços nela apresentados. Também não abrange o lucro da construtora, as taxas de administração da construção e os custos financeiros.

Outra característica da tabela é que ela deve ser aplicada à área equivalente de construção, isto é, ao somatório das áreas de cada pavimento devidamente ponderadas conforme o seu valor. Adotando as sugestões da NBR 12721 para ponderação da área, chega-se a:

Subsolo:	2.000 m²	×	0,5	=	1.000 m²
Térreo:	500 m²	×	1,0	=	500 m²
Andares-tipo:	7 x 500 m²	×	1,0	=	3.500 m²
Caixa-d'água:	30 m²	×	0,3	=	9 m²
Casa de máquinas:	30 m²	×	0,3	=	9 m²
Área equivalente:					**5.018 m²**

Suponha-se que o prédio a ser construído tenha apartamentos de três quartos, com padrão normal. Utilizando o valor para oito pavimentos (térreo mais sete andares-tipo), o custo da construção será:

$$V_c = v_c \times A_e$$

em que:

v_c = valor unitário = R$ 403,31/m²;

A_e = área equivalente = 5.018 m²;

V_c = custo da construção.

Realizando as substituições, tem-se:

$$V_c = \text{R\$ } 403{,}21 \times 5.018 = \text{R\$ } 2.023.809{,}58$$

A esse custo devem ser acrescidos:

Fundações especiais:	4%	R$ 97.142,86
Elevadores:	10%	R$ 242.857,15
Serviços especiais:	6%	R$ 145.714,29
Custo total direto da construção:		**R$ 2.509.523,80**

As porcentagens dos custos de fundações especiais (diferença entre o custo total de fundações diretas), elevadores e serviços especiais foram obtidas de um orçamento do seguinte tipo:

Serviços iniciais	2%	R$ 48.571,43
Instalação de obra	4%	R$ 97.142,86
Infraestrutura	5%	R$ 121.428,57
Estrutura	20%	R$ 485.714,30
Alvenaria	7%	R$ 170.000,00
Cobertura e imperm.	5%	R$ 121.428,57
Revestimento	12%	R$ 291.428,57
Pavimentação	5%	R$ 121.428,57
Esquadrias – madeira	4%	R$ 97.142,86
Esquadrias – metal	7%	R$ 170.000,00
Instalações hidráulicas	5%	R$ 121.428,57
Aparelhos sanitários	2%	R$ 48.571,44
Instalações elétricas	6%	R$ 145.714,28
Vidros	2%	R$ 48.571,44
Pintura	2%	R$ 48.571,44
Elevadores	10%	R$ 242.857,14
Limpeza	2%	R$ 48.571,44
Custo total direto da construção		**R$ 2.428.571,48**

Não há necessidade de obter o orçamento. O engenheiro avaliador deve ter mais ou menos essas porcentagens memorizadas.

De qualquer forma, chega-se ao custo total direto da construção ou por meio dos custos unitários da tabela de custos da construção (custo de reprodução), ou por meio do orçamento (custo de reposição). O único cuidado que se deve tomar é o de aplicar o custo unitário de construção à área equivalente e acrescentar os custos de fundações especiais, elevadores e serviços especiais, não inclusos na tabela.

Conforme mencionado, esse é o custo total direto da construção, que compreende apenas material e mão de obra. É necessário acrescentar ainda os custos indiretos de construção, que constituem o chamado BDI (benefícios e despesas indiretas), a saber:

8.1 Taxa de lucro da construtora

Essa taxa é limitada a 15% pela Caixa Econômica Federal, que é o agente financeiro tomado como padrão por ser atualmente o gestor do Sistema Financeiro de Habitação (SFH). Essa porcentagem é o teto, mas nada impede que o lucro seja arbitrado em porcentagens menores, dependendo do tipo de construção e da movimentação do mercado imobiliário.

8.2 Taxa de administração

Essa taxa é limitada a 10% pela Caixa Econômica Federal, podendo também descer a porcentagens inferiores nas mesmas circunstâncias.

8.3 Taxa financeira

Essa taxa é consequência do custo do capital construção. A construção pode ser feita com recursos próprios ou por meio de financiamento. A Caixa Econômica Federal cobra de 10% a 13% de juros ao ano nos financiamentos imobiliários mais usuais. Caso se utilize a taxa de 10% ao ano, juros simples, é preciso considerar que o capital construção não é aplicado de uma vez só no início da obra. Admite-se que no início da obra o capital seja de zero, e no fim, de 100%.

Apenas para efeito de simplificação de cálculo, pode-se imaginar que o capital empregado na obra seja constante do início ao fim, numa porcentagem média de 50%. Dentro dessa simplificação, é possível estabelecer que o capital aplicado na construção seja constantemente igual a 50% do total e que, portanto, custe 5% ao ano. Em 18 meses, isto é, um ano e meio, esse capital rende juros de 7,5% (5% + 2,5%). Não se cogita correção monetária porque ela só incide sobre o capital dinheiro, o qual perde valor durante o tempo. Quando se empresta dinheiro a juros, uma parte corresponde ao rendimento real, os juros propriamente ditos, que remuneram o risco do capital empregado; a outra parte, a correção monetária, é para corrigir a desvalorização da moeda – para que o principal permaneça íntegro. No caso de capital construção, não cabe a correção monetária, posto que esse tipo de capital se corrige sozinho. O preço dos materiais e serviços tomado no dia da avaliação já está atualizado. Em conclusão, cada vez que se avalia a construção, tomam-se preços de materiais e serviços do dia, ou, melhor dizendo, do mês, já que a tabela de custos de construção do SindusCon/SP é publicada mensalmente.

Assim, o BDI resulta em:

$$BDI = 1{,}15 \times 1{,}10 \times 1{,}075 \cong 1{,}36$$

Esses valores são multiplicados porque as taxas incidem uma sobre a outra. Acrescendo 36% de BDI, valor que reflete o teto máximo permitido, tem-se como custo total da construção:

Custo total da construção = 1,36 × R$ 2.428.571,48 = R$ 3.302.857,21

Note-se que esse seria o valor máximo admitido para esse tipo de obra, considerando o mercado bastante ativo. Esses 36% tendem a diminuir conforme a natureza do empreendimento e a intensidade da atividade do mercado imobiliário.

O custo do terreno é de:

$$V_T = 2.000\ m^2 \times R\$\ 600{,}00/m^2 = R\$\ 1.200.000{,}00$$

O custo total do empreendimento é a soma do custo dos terrenos com o custo total da construção.

Custo total do empreendimento = R$ 1.200.000,00 + R$ 3.302.857,21 = R$ 4.502.857,21

Para obter o valor de venda, deve-se acrescentar ao custo total do empreendimento os juros sobre o capital terreno, os juros sobre o capital construção e os custos administrativos e lucro do incorporador.

Juros sobre o capital terreno

O capital terreno é investido desde o início do empreendimento e permanece aplicado até a venda do imóvel. Estabelecendo um período médio de venda de seis meses, em que o capital continua empatado, haverá um prazo total de capital aplicado correspondente a 18 meses (prazo estabelecido pelo cronograma do empreendimento em tela) mais seis meses para a comercialização. Os juros para o capital terreno são estabelecidos em 6%, juros simples, que correspondem à aplicação em caderneta de poupança. Aqui também não se cogita correção monetária por razões análogas àquelas já declinadas quando se tratou do capital construção: o capital terreno se corrige sozinho, pois, cada vez que uma avaliação é feita, tornam os preços de terreno da data da avaliação. Os juros de 6% são os de menor risco da praça, visto que o capital terreno dificilmente perde valor.

Juros sobre o capital construção durante o período de comercialização

Nesse ponto, calculam-se os juros sobre o capital construção durante o período de comercialização, que é estimado em seis meses, uma vez que os juros incidentes sobre o período da obra já foram computados no BDI. Assumindo juros de ordem de 10% ao ano, em seis meses, isto é, meio ano, eles serão de apenas 5%.

Custos administrativos e lucro do incorporador

Essa parcela, na verdade, é recebida pelo incorporador no começo da incorporação, quando ele compra o terreno e o revende em frações ideais pelo dobro do preço para os adquirentes do imóvel. Na realidade, ele compra o terreno a prazo e o vende à vista ou, no máximo, em cinco parcelas. Seria possível dizer que o lucro do incorporador é enorme; entretanto, ele tem como ônus assegurar a continuidade do empreendimento até o seu término.

Como o terreno representa cerca de 20% do valor de venda, o lucro do incorporador, de 100% sobre o valor do terreno, pode ser estimado em 20% sobre o valor de venda.

Assim, ao serem somados ao custo total do empreendimento os juros sobre o capital terreno e os juros sobre o capital construção durante o período de comercialização, chega-se a 80% do valor de venda. Dividindo a soma por 0,80, obtém-se o valor de venda final:

Custo total do empreendimento = R$ 4.502.857,21

Cálculo dos juros sobre o capital terreno

6% ao ano multiplicados por 18 meses (prazo do cronograma) mais seis meses (período de comercialização), totalizando dois anos, isto é, 12%:

R$ 1.200.000,00 × 0,12 = R$ 144.000,00

Cálculo dos juros sobre o capital construção

10% ao ano multiplicados por seis meses (período de comercialização), ou seja, 5%:

R$ 3.302.857,21 × 0,05 = R$ 165.142,86

Procedendo à soma desses valores, tem-se:

R$ 4.502.857,21 + R$ 144.000,00 + R$ 165.142,86 = R$ 4.812.000,00

Dividindo-o por 0,80, tem-se o valor de venda:

Valor de venda = R$ 4.812.000,00/0,80 = R$ 6.015.000,00

Somente para verificação, o valor do terreno dividido pelo valor de venda representa:

R$ 1.200.000,00/R$ 6.015.000,00 = 0,20

Isto é, 20% do valor de venda.

O preço de cada apartamento é o valor de venda dividido por 28 apartamentos (sete pavimentos, quatro apartamentos por andar):

Preço do apartamento = R$ 6.015.000,00/28 = R$ 214.821,42

Esse preço é médio, variando conforme a situação dos pavimentos, mais baixo ou mais alto.

8.4 Conclusões e recomendações

Esse é o valor máximo que poderia alcançar cada unidade, com o mercado imobiliário ativo. Se essa condição não for atendida, será preciso abaixar o BDI e o lucro do incorporador até conseguir o equilíbrio com o mercado.

Para imóveis usados, além de ser aplicada a depreciação, que se recomenda que seja calculada pelo critério de Ross-Heidecke, a qual leva em conta o estado de conservação do imóvel, dispensando o critério subjetivo de idade aparente, devem ser diminuídos o BDI e o lucro do incorporador, dado que a rentabilidade futura diminui com o passar dos anos, com a diminuição da vida útil.

Quando o mercado for recessivo, imóveis poderão ser vendidos pelo custo e, às vezes, até abaixo dele, para desovar estoques e entrar num outro segmento de mercado com maiores possibilidades de vendas. É o caso de imóveis financiados pelo SFH, quando o financiamento é insuficiente. O empresário vende os imóveis com prejuízo para fazer dinheiro e ingressar no mercado com autofinanciamento.

Para imóveis no interior do Estado de São Paulo, recomenda-se a adoção da tabela da Pini de Custos de Edificação sem o BDI e sem os custos administrativos e o lucro do empresário, sempre que o mercado imobiliário for recessivo.

Para residências singulares, a metodologia é exatamente a mesma. Deve-se notar, no entanto, que não haverá fundações especiais como as dos edifícios de apartamentos, que os serviços especiais serão minimizados e que não haverá, obviamente, elevadores. De maneira geral, os prazos de construção serão menores, influindo nas taxas financeiras e administrativas, o que reduzirá o BDI, e o valor do terreno poderá atingir 35% do valor de venda do imóvel.

Cabe observar ainda que o método apresentado não é de autoria do signatário; tampouco pertence à Caixa Econômica Federal ou ao SFH. Ele nada mais é do que a sequência de um empreendimento desde a aquisição do terreno até a venda do imóvel. A contribuição do autor é no sentido de explicar, de maneira simples, o porquê da adoção de 10% sobre o capital construção e de 6% sobre o valor do terreno, a inexistência de correção monetária sobre os capitais terreno e construção, que se autocorrigem, a adoção de 20% sobre o valor de venda a título de lucro do empresário e despesas durante o período de comercialização, e a esquematização do método, tornando-o mais acessível e compreensível ao profissional avaliador.

Tudo isso é fruto, como já mencionado, de 22 anos de experiência, de vivência na área e de profundas discussões com colegas em cursos, seminários e congressos.

Finalmente, chama-se a atenção para o fato de que o presente trabalho não é uma análise de investimentos e que a utilização de juros simples acompanha o processo desenvolvido pelo SFH na sua avaliação pontual do imóvel. Esse trabalho não tem como objetivo o estudo de taxas de retorno e outros custos de oportunidade, que seriam mais do interesse do empresário – que busca como resultado final o valor do imóvel na data da avaliação – do que do engenheiro. As taxas de remuneração do agente financeiro encontram-se diluídas nas despesas iniciais do empreendimento.

9 ESTILO DE LAUDO

Apresentam-se a seguir as qualidades fundamentais do estilo de redação de laudos.

9.1 Clareza

A *clareza* consiste na expressão fácil e compreensível das ideias. Deve-se evitar:

- Linguagem confusa, obscura, sem sentido, por exemplo:
  "Geralmente fala-se em televisão como que se referindo a um simples objeto de entretenimento que se restringe na desvalorização dessa maravilha moderna" (André, 1974).
- Frases incompletas, ideias sem nexo ou de sentido equívoco, por exemplo:
  "Camões escreveu um grande poema épico, *Os Lusíadas*, que perdeu um olho na guerra" (André, 1974).

9.2 Concisão

Concisão é a expressão do pensamento com o menor número possível de palavras. A concisão reforça e dá vigor às ideias, conferindo-lhes maior poder de persuasão. Contrariamente, a prolixidade produz cansaço e desinteresse, enfraquecendo o poder da argumentação. Apresenta-se em seguida um exemplo de linguagem prolixa.

> Em minha casa há um pequeno quarto perto da cozinha, quarto esse em que costumo ficar durante o período da manhã para entregar-me

> aos estudos; é um quartinho sossegado, pois estando situado perto da cozinha, como falei, fica isolado do barulho que reina em outras partes de minha casa. (André, 1974).

Pode-se perceber que esse trecho se estende por tempo demais, gerando cansaço na leitura. Ele facilmente poderia ser sintetizado em uma redação mais concisa, como, por exemplo: "Em minha casa, perto da cozinha, há um pequeno quarto sossegado. Nele costumo passar as manhãs estudando" (André, 1974).

9.3 Precisão

Precisão é o emprego da palavra ou construção mais exata para a expressão das ideias e emoções. Já a impropriedade é o uso inadequado de palavras que expressam outro significado, que não é o que se quer transmitir. É importantíssimo que o perito expresse suas ideias com precisão; a impropriedade causa um profundo mal-estar ante o magistrado e depõe contra a própria capacidade do profissional. A seguir, seguem exemplos de construções impróprias.

- "A televisão serve ao homem como meio de introdução e diversão" (André, 1974).
- "Quem sai na chuva é para se queimar."
- "Isso é uma faca de dois legumes."

9.4 Originalidade

Originalidade é a maneira atraente de expor as ideias, evitando os lugares-comuns, o abuso dos adjetivos e as ideias triviais. A título de exemplo, segue um trecho em que se verifica o abuso de adjetivos.

> Alumiado pela estrela rutilante da excelsa bondade, o abnegado reformador desceu aos antros tenebrosos e infectos onde a humanidade abandonada se encharca em crimes hediondos. Desse ambiente apavorador de miséria repelente arrancou as almazinhas inocentes das crianças pobres, convertendo-as em elementos fecundos e úteis para a sociedade. (André, 1974).

Uma possível correção para esse trecho, de modo a se expor a originalidade do autor, seria: "Alumiado por excelsa bondade, o reformador desceu aos antros onde a humanidade se encharca no crime. Desse ambiente de miséria arrancou as pobres crianças, convertendo-as em elementos úteis à sociedade" (André, 1974).

Outro exemplo de falta de originalidade também é dado por André (1974), em que é possível observar a linguagem trivial e as ideias infantis empregadas pelo autor: "Uma pessoa sem estudo é a mesma coisa que um automóvel sem combustível".

9.5 Harmonia

Harmonia é a cadência agradável resultante da boa combinação das palavras nas orações de um período. A seguir, ilustra-se um trecho de *Iracema*, de José de Alencar, a exemplo de um texto harmônico.

> Verdes mares bravios de minha terra natal, onde canta a jandaia nas frondes da carnaúba: verdes mares que brilham, como líquida esmeralda aos raios do sol nascente perlongando as alvas praias ensombradas de coqueiros.

Os vícios contra a harmonia, que devem ser evitados, são (André, 1974):

- *Hiato*: sequência de sons análogos, por exemplo: "Vou eu ou outro vai?"
- *Eco*: é a rima em prosa: "A dama chama com dobrados brados"
- *Colisão*: é a sucessão aproximada das mesmas consoantes, como em "esse senhor é sumamente sensível"
- *Cacofonia*: é a palavra ridícula ou obscena resultante da união dos sons finais de uma palavra com as inicias da seguinte, como, por exemplo: "Ela tinha vinte anos"

10 CORREÇÃO GRAMATICAL DO LAUDO

A correção gramatical do laudo consiste na observância das regras gramaticais referentes à forma das palavras (ortografia e acentuação) e à formação de frases (pontuação, concordância, regência etc.).

10.1 Ortografia

1. Os verbos em *-uir* têm as seguintes terminações no indicativo presente:
   - 2ª pessoa do singular: *-uis* –> diminu*is*;
   - 3ª pessoa do singular: *-ui* –> contrib*ui*.
2. Depois de ditongo nunca se usa *-ch*: peixe, caixa.
3. As palavras de origem indígena que possam gerar dúvidas quanto ao emprego de *j* ou *g* são escritas com *j*, assim como as de mesma origem, cuja dúvida recai no emprego de ss ou ç, são escritas com ç. Por exemplo, canjica, jiló, sarjeta, paraguaçu, paiçandu, juçara, entre outras.
4. As palavras que indicam *títulos de posição social* ou de *nobreza* e os adjetivos pátrios são escritos com as terminações *-ês* (nomes masculinos) e *-esa* ou *-isa* (nomes femininos), como marquês, princ*esa*, portugu*esa*, pap*isa*.
5. Os verbos *querer*, *usar* e *pôr* escrevem-se com s em todos os modos, tempos e pessoas: quis, usou, puseste.
6. O sufixo verbal *-izar* sempre se escreve com z: materializar, realizar, cristalizar, utilizar. Não confundir com palavras cujo sufixo

empregado é -*ar*, como improvisar, analisar, pesquisar, entre outras. Note a diferença:

- Realizar = real + izar;
- Analisar = análise + ar.

7. O sufixo diminutivo -*zinho* sempre se escreve com z: cafe*zinho*, Ze*zinho*, pe*zinho*. Não confundir com palavras cujo sufixo empregado é -*inho*, como asinha, lapisinho, entre outras. Note a diferença:
   - Cafezinho = café + zinho;
   - Asinha = asa + inha.
8. As palavras abstratas derivadas de adjetivos pelo acréscimo do sufixo -*ez* ou -*eza* escrevem-se sempre com z: estupidez (estúpido + *ez*), certeza (certo + *eza*).

10.2 Acentuação

1. Acentuam-se as seguintes oxítonas:
   - Terminadas em -*a*(s), -*o*(s), -*e*(s): car*á*, coi*ó*, caf*é*, lava-p*é*s etc.
   - Terminadas em -*em* ou -*ens* com duas ou mais sílabas: tamb*ém*, nin-gu*ém*, por*ém*, armaz*éns*.

   Observação: Não são acentuadas as palavras átonas:
   - Preposições: de, com, sem.
   - Pronomes oblíquos átonos: me, lhe.
   - Artigos: o, a, os, as, um, uma, uns, umas.
   - Conjunções monossilábicas: e, nem.
   - O vocábulo "que" só é acentuado quando empregado como substantivo ou no final da frase.
2. Acentuam-se as seguintes paroxítonas:
   - Terminadas em *r*, *x*, *n*, *l*: car*á*ter, f*ê*nix, h*í*fen, *ú*til.
   - Terminadas em *i*(s), *u*(s), *um*, *uns*, *ão*(s), *ã*(s), *ei*(s): c*á*qui, c*á*quis, *á*lbum, *á*lbuns, órfão, órfãos, ímã, ímãs, jóquei.

   Observação: Os verbos *vir*, *ter* e compostos, desde janeiro de 2009, não possuem acento circunflexo na 3ª pessoa do plural do presente do indicativo: veem, creem, deem, leem.
3. Acentuam-se todas as palavras proparoxítonas: *á*rvore, *ê*xodo, arqu*é*tipo.

10.3 Pontuação

10.3.1 Vírgula

Emprega-se:

1. Para separar orações coordenadas assindéticas (sem ligação por conjunção): *Vim, vi, venci.*

   Observação: Não se usa vírgula antes da conjunção aditiva *e*, a não ser que sejam diferentes os sujeitos das orações ligadas pela conjunção: *Pedro saiu, Maria foi ao cinema, e João ficou em casa.* Ou quando se emprega essa conjunção antes de uma oração com a finalidade de realçar a ideia nela contida: *Não fiz, não faço, e não farei! Digo, e repito!* Ou quando se quer destacar que a segunda oração se opõe à primeira ou é conclusão dela: *Não estudou, e passou. Não estudou, e não passou.* Ou, finalmente, quando há uma intercalação entre o *e* e as orações que ele une: *Saí, porque precisava resolver um negócio, e voltei.*

2. Para separar o aposto e o vocativo do resto da oração: *D. Pedro, Imperador do Brasil, tornou-se uma personalidade histórica. Pedro, vem já para dentro!*

3. Para separar as orações reduzidas de gerúndio e de particípio: *Terminando a lição, sairei. Terminada a lição, sairei.*

4. Para separar as orações adjetivas explicativas: *Deus, que é misericordioso, lhe perdoará.*

   Observação: Oração adjetiva é aquela em que o *que* pode ser transformado em *o qual, a qual* etc. A oração adjetiva explicativa é aquela que serve apenas para dar uma característica do termo ao qual o enunciado se refere (nesse caso, Deus), ao contrário da oração adjetiva restritiva, que serve para distinguir um termo entre outros; esta última não pode vir separada por vírgula do termo a que se refere: *Quero o copo que tem listra branca.* É importante mencionar também que não se separa por vírgula o adjetivo do substantivo a que se refere: *copo branco*; todavia, toda oração ou termo intercalado deve vir entre vírgulas: *Saí e, porque chovia, não voltei.*

5. Para separar as orações adverbiais, em geral; a vírgula será obrigatória se a oração adverbial iniciar período ou estiver intercalada: *Se não chover, irei. Camões, se não me falha memória, escreveu sonetos.*

   Toda oração reduzida de infinitivo, quando equivale à oração adverbial, será separada por vírgula, mormente quando inicia o período: *Antes de sair, tranque a porta*. É reduzida do infinitivo porque o verbo *sair* está no infinitivo e é acompanhado por uma locução adverbial de tempo (*antes de*).

6. Para separar os termos pleonásticos: *Enganei-me, a mim mesmo*. Pleonasmo é a repetição de uma ideia: "me" está sendo repetido na palavra "mim".
7. Para separar termos independentes entre si com a mesma função sintática: *Eu vi florestas, rios, cascatas e montanhas*.
8. Para separar conjunções coordenativas, mormente quando no meio ou no fim da oração: *Não veio, mas telefonou*.
9. Para separar topônimos (nomes de lugar) de datas: *São Paulo, 25 de janeiro de 1975*.
   Observação: Rua das Palmeiras, 456 – Caixa Postal, 457.
10. Para assinalar a ausência do verbo, quando este está subentendido: *João foi ao cinema; Pedro, também* [foi].
11. Para separar os adjuntos adverbiais (circunstâncias de tempo, modo, lugar etc.), quando a clareza, a ênfase, a pausa expressiva ou a inversão o exigem: *À noite, deitava-se na cama*.
12. Para separar as coordenadas alternativas: *Ora corres, ora paras*.

Ainda a respeito da vírgula, é importante mencionar que jamais se separa sujeito do verbo por vírgula, nem verbo de objeto: *João corre. Vejo Pedro*. Além disso, é controvertido o emprego da vírgula antes do termo *etc*.

10.3.2 Ponto e vírgula

Usa-se para separar orações de um período que estão menos ligadas entre si do que outras orações separadas por vírgula: *Ele saiu, para comprar um livro de que necessitava; mas voltou logo, por não o encontrar*.

Usa-se também para enumerar os diversos itens ou considerandos de um ofício, decreto, ou justificação: *Considerando que a cidade precisa de melhores transportes; que a poluição aumenta gradativamente, ameaçando a saúde de todos os cidadãos; e que a gasolina está cada vez mais cara, proponho que voltem a circular os bondes*.

10.3.3 Dois-pontos

Indicam citação de palavras alheias ou explanação detalhada de uma ideia apresentada antes, em síntese: *D. Pedro exclamou: "Fico!". Preparei tudo: borracha, papel, lápis*.

10.3.4 Ponto final

O ponto final e seus equivalentes, o ponto interrogativo e o exclamativo, indicam respectivamente a finalização do pensamento e a afirmação ou negação desse pensamento em uma pergunta e em um sentimento súbito: *Acabada a aula, saí. Saí? Que horror!*

Observa-se que se usa letra minúscula depois da interrogação ou exclamação, quando o pensamento do período ainda continua: *Vai ao cinema? perguntei-lhe eu.*

10.3.5 Reticências

Indicam interrupção brusca do pensamento, ou indecisão na marcha das ideias, ou continuação mental de um pensamento:

Dizia-lhe eu que... Perdoe-me um aparte!

Bem, você sabe... isto é, dizem... Que linda!

São usadas também para indicar palavras suprimidas no corpo de um texto, por serem desnecessárias: *Diz Castilho: "Vieira... tinha os olhos no mundo".*

10.3.6 Travessão

Usa-se para indicar a mudança de personagem em um diálogo, ou para enfatizar uma ideia:

– Vais ao cinema? – Sim.

Desde nosso protomártir – Tiradentes –, já se nota o sentimento nacionalista.

10.3.7 Parênteses

Indicam ideia secundária, simples explicação: *No dia dos namorados (12/6), irei vê-la.*

10.3.8 Aspas

Indicam palavra estrangeira, ou palavra em sentido não habitual, ou termo de gíria, ou citação textual: *Ele é um "big boy". Ele é o "vedeta" de nossa reunião. Ele é um "crânio". D. Pedro disse "Fico"!*

10.4 Concordância especial

Verbo ser impessoal

- Quando indica fenômenos meteorológicos: *É tarde.*
- Quando indica horas, o verbo *ser* concorda com a palavra *horas* por atração e é impessoal: *São horas de fechar esta carta. São 5 horas. É meio-dia e meia. Eram as ave-marias.*

- Quando indica data, é impessoal; tanto pode-se dizer *hoje são 2 de março* quanto *hoje é 2 de março*.
- Com as expressões *perto de*, *cerca de*, *mais de*, *menos de*, pode-se tanto concordar quanto deixar de concordar com a palavra *horas*: *Era perto de duas horas. Eram perto de duas horas.*

Verbo ser pessoal

- Quando o sujeito e o predicativo são de números diferentes, o verbo *ser* concorda, geralmente, com o tempo que está no plural: *O Brasil são os brasileiros que aqui vivem. Os Estados Unidos são um povo progressista.*
  Observação: Quando o sujeito do verbo *ser* é plural e o predicativo singular, o verbo *ser* pode também ser empregado no singular, concordando com o predicativo por atração: *Os Estados Unidos é um povo progressista.*
- Mesmo com o complemento plural, o verbo *ser* concorda com o sujeito singular, se este for nome de pessoa: *Maria é as alegrias da mãe.*
- Quando sujeito é *tudo*, *nada*, *isto*, *isso* ou *aquilo* e o predicativo está no plural, o verbo vai para o plural: *Tudo são trevas.*
- O verbo *ser* fica no singular se, com o predicativo no singular, houver ideia de suficiência ou falta: *Duas colheradas é o suficiente. Cinco mil cruzados novos é muito. Três é pouco para um valentão como ele.*

Verbo haver

- A concordância é impossível quando significa "existir" e quando se trata de tempo decorrido: *Havia muitos soldados mortos. Há dez anos que moro ali.*
  Observação: Quando o verbo *fazer* tiver o mesmo sentido de tempo decorrido, também é impessoal: *Faz muitos anos que não o vejo.*
- Cumpre não fazer confusão entre *há* e *a* (preposição). Quando o sentido da frase é de passado e é possível empregar *faz* ou *fez*, usa-se *há*; caso contrário, usa-se *a*: *Há oito anos que não o vejo. Irei daqui a cinco minutos.*
- As expressões *haja vista* ou *hajam vista*, ou ainda *haja vista a*, são corretas: *Haja vista o decreto presidencial. Hajam vista os decretos presidenciais.* O substantivo *vista*, em tais frases, significa "consideração, exame" e funciona como complemento.
- Nas expressões *mal haja* e *bem haja*, as palavras *bem* e *mal* são substantivos e, embora antepostas ao verbo, funcionam como objetos diretos. O verbo *haver* é, no caso, pessoal, devendo concordar com o sujeito: *Mal hajam os crimes. Bem hajam as virtudes.*

◇ A expressão *haver mister* significa "necessitar", "precisar", e tem força de verbo transitivo: *Muitos dos informes hão bem mister um hospital. Comprastes o que haveis mister* (Vieira).

Verbo dar

◇ Pode ser usado, no sentido de "soar", impessoalmente (na 3ª pessoa do singular) ou pessoalmente (concorda com *hora* ou *horas*): *Deu uma hora. Deu duas horas. Deram duas horas. O relógio deu duas horas.*

◇ No último exemplo, o sujeito é *relógio* e o verbo deve concordar com o sujeito. Porém, se a palavra *relógio* não estiver clara na frase, pode-se proceder da maneira indicada anteriormente, isto é, concordar com *hora* ou *horas*.
Observação: *Bater* e *soar* são sempre pessoais, tendo sujeito e com ele concordando: *Bateu uma hora. Bateram duas horas. Soou uma hora. Soaram duas horas.*

10.5 Regência verbal

Verbo assistir

◇ Presenciar, estar presente: transitivo indireto com a preposição *a*. Exemplo: *Assistimos aos debates.*
Observação: o verbo *assistir*, nesse sentido, não aceita o pronome *lhe*, mas só os pronomes preposicionados *a ele* e *a ela*. Exemplo: *Não posso criticar o filme, pois não assisti a ele*. Assim, é errado dizer: *pois não lhe assisti*.

◇ Socorrer, ajudar, acompanhar: nesse caso, é transitivo direto. Exemplo: *O médico assistiu o doente.*

◇ Morar, residir, habitar, encontrar-se em algum cargo ou posição: transitivo indireto com a preposição *em*. Exemplo: *Os que vestem roupas delicadas são os que assistem nos palácios dos reis.*

◇ Competir, ser de direito a: *Não assiste aos alunos tal direito. Não lhe assistiam semelhantes regalias.*

Verbo aspirar

◇ Atrair o ar para os pulmões, sorver, absorver: transitivo direto. Exemplo: *Aspiramos o ar puro da montanha.*

◇ Desejar ardentemente, pretender: transitivo indireto com a preposição *a*. Exemplo: *Os cristãos aspiram ao céu.*
Observação: Esse verbo também rejeita o pronome *lhe*, tal como os verbos *aludir* (a ele), *comparecer* (a ele), *consentir* (nele), *proceder* (a ele), *anuir* (a ele) e *aceder* (a ele).

Verbo visar

- Apontar a arma de fogo contra; pôr o sinal de visto em: transitivo direto. Exemplo: *O atirador visou bem o alvo. O inspetor visou o diploma.*
- Ter como objetivo, propor-se a: transitivo direto ou transitivo indireto com a preposição *a*. *O educador visa ao aproveitamento de seus alunos. O educador visa o aproveitamento de seus alunos.*

Verbo gostar

- Achar bom gosto ou sabor; ter afeição, amizade; aprovar (uma ideia): transitivo indireto com a preposição *de*. Exemplo: *Ela gostava de minhas ideias.* **Observação**: Quando o complemento dos verbos que pedem preposição *de* é uma oração, costuma-se, não raro, omitir a preposição. Exemplo: *Eu gosto que os soldados da República, antes de valorosos, sejam honrados* (Rui Barbosa).
- Experimentar, provar: transitivo direto. Exemplo: *Acudiram logo com uma esponja molhada em fel e vinagre, aplicaram-se à boca do Senhor, o qual, tanto que gostou, disse:* Consuma tum est! (Vieira).

Verbo querer

- Ter intenção ou vontade, desejar: transitivo direto. Exemplo: *Quero uma gramática.*
- Gostar de, ter afeição por, estimar: transitivo indireto. Exemplo: *Quero-lhe muito.*

Verbo precisar

- Carecer, ter necessidade de: transitivo direto ou indireto. Exemplo: *Preciso de livros. Preciso livros.*
- Indicar com exatidão: transitivo direto. Exemplo: *A testemunha precisou bem o lugar e a data.*

Verbo pensar

- Combinar ideias, raciocinar: intransitivo. Exemplo: *Penso, logo existo.*
- Tencionar, cogitar, lembrar-se, meditar: transitivo indireto. Exemplo: *Ela não pensa em se emendar. Só pensava em doença. É salutar pensar na morte.*
- Julgar, imaginar, supor; tratar convenientemente, aplicar curativo a: transitivo direto. Exemplo: *Nunca pensei que tal me sucedesse. A enfermeira pensava os feridos.*

Verbos lembrar e esquecer

Lembrar e, por analogia, *esquecer* apresentam três regências diferentes:

- *Lembro* ter um compromisso (objeto direto) – *esqueço* um compromisso.
- *Lembro*-me de um compromisso (objeto indireto) – *esqueço*-me de um compromisso.
- *Lembra*-me um compromisso (sujeito) – *esquece*-me um compromisso.

10.6 Emprego das iniciais maiúsculas (Ferreira, s.d.)

Usa-se letra inicial maiúscula:

1. Em começo de período, verso ou citação direta:

   Disse o Padre Antonio Vieira: "Estar com Cristo em qualquer lugar, ainda que seja no Inferno, é estar no Paraíso".
2. Em substantivos próprios de qualquer espécie – antropônimos, topônimos, patronímicos, cognomes, alcunhas, trechos e castas, designações de comunidades religiosas e políticas, nomes sagrados e relativos a religiões, entidades mitológicas e astronômicas etc.: *José, Brasil, Tietê, Afonsinho, Coração de Leão, Deus, Júpiter.*
3. Em nomes próprios de eras históricas e épocas notáveis: *Idade Média, Quinhentos* (séc. XVI) etc.
4. Em nomes de vias e lugares públicos: *Avenida Rio Branco, Beco do Carmo, Praça da Bandeira, Praia do Flamengo.*
5. Em nomes que designam altos conceitos religiosos, políticos ou nacionalistas: *Igreja (Católica, Apostólica, Romana), Nação, Estado, Pátria, Raça* etc.

   Observação: Esses nomes se escrevem com inicial minúscula quando empregados em sentido geral ou indeterminado.
6. Em nomes que designam artes, ciências ou disciplinas, bem como nos que sintetizam, em sentido elevado, as manifestações do engenho e do saber: *Agricultura, Educação Física, Filosofia Portuguesa, Direito, Medicina, Engenharia, História, Matemática, Ciência, Cultura* etc.

   Observação: Os nomes *idioma, idioma pátrio, língua, língua portuguesa, vernáculo* e análogos escrevem-se com inicial maiúscula quando empregados com especial relevo.
7. Em nomes que designam altos cargos, dignidades ou postos: *Papa, Cardeal, Embaixador, Secretário de Estado* etc.
8. Em nomes de repartições, corporações ou agremiações, edifícios e estabelecimentos públicos ou particulares: *Diretoria Geral do Ensino, Ministério das Relações Exteriores, Presidência da República, Teatro Municipal* etc.

9. Em títulos de livros, jornais, revistas, produções artísticas, literárias e científicas: *Correio da Manhã*, *O Guarani* (de Carlos Gomes), *O Espírito das Leis* (de Montesquieu).

   Observação: Não se escrevem com inicial maiúscula as partículas monossilábicas que se acham no interior de vocábulos compostos ou de locuções ou expressões que têm iniciais maiúsculas: *História sem Data*.

10. Em nomes de fatos históricos e importantes, de atos solenes e de grandes empreendimentos públicos: *Tomada da Bastilha*, *Dia das Mães*, *Exposição Nacional* etc.

11. Em nomes de escolas de qualquer espécie ou grau de ensino: *Faculdade de Filosofia*, *Colégio Rio Branco* etc.

12. Em nomes comuns, quando personificados ou individuais, e de seres morais ou fictícios: *Capital da República*, *moro na Capital*, *o Poeta* (Camões), *o Medo*, *a Virtude*, *o Lobo*, *o Cordeiro*, *a Cigarra*, *a Formiga* etc.

    Observação: Incluem-se nessa norma os nomes que designam atos de autoridade da República, quando empregados em correspondência ou documentos oficiais: *Lei de 13 de Maio*, *o Decreto-Lei nº 292*, *a Portaria de 15 de junho*, *o Regulamento nº 737*, *o Acórdão de 3 de agosto*.

13. Nos nomes dos pontos cardeais, quando designam regiões: *Os povos do Oriente*, *o falar do Norte é diferente do falar do Sul* etc.

    Observação: Os nomes de pontos cardeais escrevem-se com inicial minúscula quando designam direções ou limites geográficos: *Percorri o país de norte a sul e de leste a oeste*.

14. Em nomes adjetivos, pronomes, expressões de tratamento ou reverência e suas respectivas abreviaturas: *Dom* ou *Dona* (*D.*), *Senhor* (*Sr.*), *Senhora* (*Sra.*), *Digníssimo* (*DD.* ou *Digmo.*), *Meritíssimo* (*MM.* ou *Mmo.*), *Reverendíssimo* (*Revmo.*), *Vossa Reverência* (*V. Vera.*), *Sua Eminência* (*S. E.*), *Vossa Majestade* (*V. M.*) etc.

    Observação: *Vossa Excelência* é a expressão com que se deve dirigir a:

    - Presidente e Vice-Presidente da República.
    - Membros do Senado e da Câmara.
    - Ministros do Estado.
    - Chefe do Estado Maior.
    - Governador do Estado.
    - Oficiais e generais.
    - Prefeitos.
    - Juízes de Direito, do Trabalho, eleitores.

- Auditores Militares.
- Embaixadores.

Usa-se *Vossa Senhoria* quando se dirige a:

- Diretorias.
- Presidentes.
- Vice-Presidentes de empresas e/ou órgãos públicos privados.

Vossa Magnificência é a expressão usada para se dirigir a Reitores e Vice-Reitores de Universidades.

Quando se fala sobre qualquer uma dessas autoridades, o tratamento deve ser *Sua Excelência, Sua Senhoria, Sua Magnificência*. Já quando se fala diretamente com qualquer uma dessas autoridades, deve-se empregar *Vossa Excelência, Vossa Senhoria, Vossa Magnificência*.

Além disso, *Excelentíssimo, Digníssimo, Ilustríssimo* e *Magnífico* são expressões que podem ser usadas tanto quando se fala com as respectivas autoridades quanto quando se fala delas ou sobre elas.

15. Em palavras que, no estilo epistolar, se dirigem a um amigo, a um colega, a uma pessoa respeitável, os quais por deferência, consideração ou respeito se queira realçar pela letra maiúscula. Exemplo: *Meu bom Amigo*.

10.7 Colocação pronominal

Apresentam-se nessa seção os pronomes (Quadro 10.1) e a posição que eles podem ocupar em uma oração.

Quadro 10.1 Pronomes

Pessoas		Pessoais		Reflexivos	Possessivos e adjetivos
		Reto	Oblíquo		
Singular	1ª	Eu	Me, mim, comigo	Me	Meu, minha, meus, minhas
	2ª	Tu	Te, ti, contigo	Te, ti, contigo	Teu, tua, teus, tuas
	3ª	Ele Ela	Se, si, consigo	Se, si, consigo, o, a, lhe	Seu, suas, seus, suas
Plural	1ª	Nós	Nos, conosco	Nos	Nosso, nossa, nossos, nossas
	2ª	Vós	Vos, convosco	Vos	Vosso, vossa, vossos, vossas
	3ª	Eles Elas	Se, si, consigo	Se, si, consigo, os, as, lhes	Seu, sua, seus, suas

Observação: *Si* e *consigo* são pronomes reflexivos essencialmente de terceira pessoa. Assim, é errado dizer *quero falar consigo*; o certo é *quero falar com você*. Os pronomes *si* e *consigo* são utilizados somente em orações como: *Ele fala de si. Ele fala consigo mesmo* (fala sozinho).

Acrescenta-se que os pronomes oblíquos átonos são: *me, te, se, o, a, lhe, nos, vos, se, os, as, lhes*. O normal, em português, é manter esses pronomes após o verbo: *Apanhei-te*. Entretanto, há partículas que atraem esses pronomes para antes do verbo. São elas:

- Expressões negativas: não, nunca, em tempo algum etc. Exemplo: *Jamais lhe perdoarei.*
- Conjunções subordinadas: quando, se, como, porque etc. Exemplo: *Quando o vir, farei o que me pede.*
- Pronomes relativos: que, quem, cujo, qual, onde etc. Exemplo: *A casa onde se refugiou o criminoso era deserta.*
- Advérbios e locuções adverbiais: talvez, por certo, quanto, pouco a pouco etc. Exemplo: *Pouco a pouco lhe diremos tudo.*
- Pronomes indefinidos: alguém, algum, muitos, cada um etc. Exemplo: *Tudo se acabará, um dia.*
- Pronomes demonstrativos: este, esse, aquele, isto, aquilo. Exemplo: *Isso se faz em casa.*
- Frases optativas: *Deus o abençoe, meu filho.*
- Expressões em *se* + gerúndio: *Em se tratando.*

Observações:

- Não se começa frase pelo pronome oblíquo átono: *Parece-nos correto o que ele fez.*
- O imperativo e o gerúndio pedem o pronome oblíquo átono após o verbo: *João, dize-me onde está a caneta* (imperativo). *Ajoelhou-se, pedindo-lhe clemência* (gerúndio).
- Nas locuções verbais:
  - Auxiliar + gerúndio: *O trem ia se aproximando.*
  - Auxiliar + infinito pessoal: *Devemos lhe contar* ou *Devemos contar-lhe.*
- Depois da palavra *eis* e dos verbos terminados em *-r*, -s ou -z, os pronomes colocados após o verbo – *o, a, os, as* – assumem as formas *lo, la, los, las*, com a queda da consoante final da palavra *eis* e dos verbos citados:
  - Ver + o = ver-lo = vê-lo;

- Eis + o = eis-lo = ei-lo;
- Vimos + o = vimos-lo = vimo-lo;
- Fez + o = fez-lo = fê-lo.

◇ Os mesmos pronomes se transformam em *no*, *na*, *nos* e *nas* quando colocados após verbos terminados em som nasal (*-m*, *-õe* ou *-ão*):

- Deram + a = deram-na;
- Põe + as = põe-nas;
- Dão + o = dão-no.

10.8 Voz passiva

Ao contrário do que muita gente pensa, sujeito não é o que pratica a ação. *Sujeito é aquele de quem se fala*. O que pratica a ação é o agente, e o que sofre a ação é o paciente.

Quando o sujeito pratica a ação, isto é, quando ele é agente, a voz é ativa:

O assistente criticou o laudo do perito.
↓
Sujeito agente: critica

Quando o sujeito sofre a ação, isto é, quando ele é paciente, a voz é passiva:

O laudo do perito foi criticado pelo assistente.
↓
Sujeito paciente: é criticado

Assim, quando se anuncia, por exemplo, "Vendem-se casas", interessa saber aquilo que está sendo vendido; o interesse sobre quem vende é secundário. Por isso, aquilo está sendo vendido passa a ser sujeito, pois é dele que se fala. Mas o sujeito, *casas*, não vende, e sim está sendo vendido, ou seja, sofre a ação de vender. Ora, se o sujeito sofre a ação, é paciente, e, quando o sujeito é paciente, a voz é passiva. Fundamentalmente, o verbo deve concordar com o sujeito: Vende*m*-se casas (com o verbo no plural, porque o sujeito está no plural).

11

ESPÉCIES DE LAUDOS

Apresentam-se neste capítulo os conceitos dos diferentes tipos de laudos.

- *Laudo*: Parecer técnico escrito, fundamentado e emitido por um especialista indicado por autoridade, relatando resultados de exames e vistorias, assim como eventuais avaliações com ele relacionadas.
- *Parecer técnico*: Relatório circunstanciado, ou esclarecimento técnico emitido por um profissional capacitado e legalmente habilitado sobre assunto de sua especialidade.
- *Relatório*: Narração ou descrição verbal ou escrita, ordenada e mais ou menos minuciosa, daquilo que se viu, ouviu ou observou.
- *Vistoria*: Constatação de um fato em imóvel, mediante exame circunstanciado e descrição minuciosa dos elementos que o constituem, objetivando sua avaliação ou parecer sobre ele.
- *Inspeção predial*: Vistoria da edificação para determinar suas condições técnicas, funcionais e de conservação, visando direcionar o plano de manutenção.
- *Perícia*: Atividade técnica realizada por profissional com qualificação específica, para averiguar e esclarecer fatos, verificar o estado de um bem, apurar as causas que motivaram determinado evento, avaliar bens, seus custos, frutos ou direitos.
- *Avaliação*: Análise técnica, realizada por um engenheiro de avaliações, para identificar o valor de um bem e de seus custos,

frutos e direitos, assim como determinar indicadores de viabilidade de sua utilização econômica, para uma determinada finalidade, situação e data.

- *Laudo judicial*: Laudo emitido por perito judicial.
- *Laudo extrajudicial*: Laudo emitido por especialista, que não na qualidade de perito judicial.
- *Laudo de simples constatação*: Laudo para averiguar e esclarecer fatos, e verificar o estado de um bem.
- *Laudo conclusivo*: Laudo que visa apurar as causas que motivaram determinado evento.
- *Laudo com profilaxia*: Laudo para averiguar e esclarecer fatos, verificar o estado de um bem e determinar as medidas a serem tomadas para sanear eventuais danos.

11.1 Laudo para bancos (avaliações)

Os laudos para bancos são basicamente de dois tipos:

- Avaliações para alienação ou compra patrimonial do banco.
- Avaliações para garantias.

No primeiro caso, é feito um laudo normal do tipo que se definiu como laudo extrajudicial. Já no segundo tipo é feito um laudo sucinto, no qual é muito importante caracterizar o "endereço" do imóvel. Esse "endereço" do imóvel é que vai dizer se o banco deve ou não aceitar o imóvel como garantia. Presença de favelas, dificuldades de acesso ao imóvel, presença de feiras livres na porta, escolas ao lado – o que gera dificuldades de estacionamento e acesso – são fatores altamente negativos. Como fatores positivos, incluem-se segurança, lazer, proximidade de escolas, supermercados, agências bancárias, hospitais, transporte, metrô etc.

De uma maneira geral, os laudos para garantia feitos para bancos devem conter os seguintes elementos, essenciais para sua utilização:

- nome do financiado;
- nome do proprietário;
- dados do imóvel;
- endereço;
- inscrição na prefeitura;
- croqui de localização do imóvel;

- topografia no trecho;
- tráfego no trecho;
- dados do terreno;
- dimensões: frente, esquerda, direita e fundos;
- área total;
- confrontações (de quem olha o imóvel da rua):
  - lado direito;
  - lado esquerdo;
  - fundos.

Informações de caráter qualitativo também devem ser apontadas nos laudos para garantia feitos por bancos, como, por exemplo:

- *infraestrutura urbana*: água, pavimentação, telefone, esgoto, águas, pluviais, guias e sarjetas, iluminação pública, gás, passeio, rede elétrica etc.;
- *serviços*: metrô, ônibus, comércio, hospital, escolas e clubes, com suas respectivas distâncias;
- *fatores negativos*: feiras livres, favelas, indústrias incômodas etc.;
- *referência*: casa isolada, casa geminada, apartamento;
- *idade aparente*: não pode ultrapassar 25 anos;
- *características gerais da edificação*: número de unidades por pavimento, número de pavimentos, número de subsolos;
- *infraestrutura*: piscina, salão de jogos, *playground*, salão de festas, quadra poliesportiva, antena coletiva, sauna, jardins;
- *acabamento e outros detalhes*: fachada, elevadores, esquadrias externas, escadas, *hall* social, *hall* de serviço, *hall* do pavimento;
- *estado de conservação da parte*: social, serviço;
- *unidade avaliada*;
- *conservação*: boa, regular, ruim;
- *concepção do projeto*: boa, regular, ruim;
- *localização e posição*: frente para área interna, para os fundos etc.;
- *localização do pavimento*;
- *dependências*: quantificar *hall*, escritório, sala, *living*, cozinha etc.;
- *revestimento por dependência*: pisos, paredes, tetos, esquadrias;
- *número de acessórios*: armários, gabinete de pia etc.;
- *padrão de construção*: alto, normal, baixo, modesto;
- *áreas*: útil, total.

11.2 Avaliação

- **Pelo custo**
  - Terreno: área total ou fração;
  - Construção: área total;
  - Unitário de mercado (terreno);
  - Custo unitário de construção;
  - Valor da construção;
  - Valor total.
- **Pelo valor de mercado**
  - Valor unitário por área (útil, construída);
  - Valor do imóvel.
- **Valor final**
- **Comentários do avaliador**
- **Dados do avaliador/empresa**
- **Fotos do avaliando**

11.3 Enfoque do mercado

O enfoque do mercado deve ser feito pela análise das tendências: níveis de preços praticados, implantação de novos empreendimentos, velocidade de vendas, implementação de infraestrutura e de equipamentos urbanos, empreendimentos já implantados, empreendimentos a implantar, entre outras.

Não se espera do engenheiro avaliador uma análise mercadológica completa, o que constitui, por si só, um estudo às vezes mais dispendioso do que o próprio trabalho de avaliação. Todavia, presume-se que o profissional detecte alguns traços da evolução do mercado local, sem os quais a avaliação do imóvel perde o seu sentido. No mínimo, o engenheiro avaliador deve apontar se o mercado relativo ao imóvel que está avaliando é estacionário, sofrível, normal ou extremamente ativo. Esse trabalho justifica o valor dado ao imóvel e ao mesmo tempo fornece elementos preciosos para o cliente.

11.4 Laudo de perícia

Os principais tópicos presentes nos laudos de perícia estão dispostos a seguir.

- Assunto: tipo de perícia.
- Local: endereço do imóvel objeto da perícia.
- Introdução: quem encomendou o trabalho e a que ele se refere.

- Objetivo: para que foi encomendado o trabalho.
- Objeto: dados do imóvel objeto da perícia.
- Localização
  - Da obra, em caso de vistoria cautelar;
  - Do objeto vizinho da obra, em caso de vistoria cautelar.
- Acessos.
- Caracterização do objeto.
- Descrição geral.
- Composição.
- Acabamentos.
- Projeto/execução.
- Administração/síndico.
- Vistoria.
- Documentação do estado físico do imóvel.
- Parecer técnico.
- Encerramento.

11.5 Laudo de avaliação

Os principais tópicos presentes nos laudos de avaliação estão dispostos a seguir.

- *Objetivo*: finalidade da avaliação.
- *Imóvel*: endereço do imóvel.
- *Histórico*: deve-se explicar por que surgiu a necessidade de se proceder à avaliação do imóvel. Por exemplo, pode-se dizer que o expropriado não concordou com o valor oferecido etc.
- *Vistoria do local*
  - Localização:
    - setor, quadra e lote (no IPTU);
    - nomc do logradouro;
    - nomes das ruas que completam a quadra.
  - Características do local:
    - melhoramentos públicos;
    - importância do logradouro;
    - características físicas e geoeconômicas.
  - Zoneamento:
    - categorias de uso permitidas;
    - área mínima;

- recuos obrigatórios;
- taxa de ocupação;
- coeficiente de aproveitamento.

◇ *Vistoria do imóvel/terreno*
- ❍ dimensões;
- ❍ topografia;
- ❍ consistência do solo.

◇ *Vistoria da construção*
- ❍ cômodos com seus pés-direitos;
- ❍ acabamento de pisos;
- ❍ acabamento de paredes;
- ❍ acabamento de forros;
- ❍ acabamento de fachada;
- ❍ estrutura e tipo de telhado;
- ❍ área;
- ❍ classificação;
- ❍ idade real ou aparente.

11.6 Avaliação

◇ *Critérios*
- ❍ Normas utiIizadas.
- ❍ Pressupostos assumidos em função da documentação oferecida, principalmente em termos de áreas e dimensões.

◇ *Metodologia*: descrever os métodos que serão utilizados.

◇ *Valor do terreno*: apresentar a fórmula a ser utilizada para cálculo do valor, explicando o que quer dizer cada elemento da notação algébrica, e substituir o valor do terreno em função do valor unitário obtido em pesquisas de valores que podem figurar anexas ao laudo ou fazer parte de seu próprio corpo.

◇ *Valor da construção*: apresentar a fórmula a ser utilizada para cálculo do valor, explicando o que quer dizer cada elemento da notação algébrica, e substituir no valor da construção os elementos fornecidos no corpo do laudo.

◇ *Valor do imóvel*: efetuar a soma dos valores do terreno e da construção (mais a vantagem da coisa feita, quando for o caso).

- *Respostas aos quesitos*
  - Da autoria: responder objetivamente;
  - Da ré: responder objetivamente.
- *Encerramento*: dizer de quantas folhas consta o laudo e que todas estão rubricadas, com a última datada e assinada; referir-se aos anexos constantes do laudo (fotografias, pesquisa de valores etc.); e datar e assinar o documento, colocando abaixo as credenciais do perito (engenheiro civil, Crea, membro do Ibape etc.).

12

EXEMPLO DE PROCESSO JUDICIAL

12.1 Laudo judicial

Exmo. Sr. Dr. Juiz de Direito da 20ª Vara Cível da Capital

CARLOS DE CAMPOS, engenheiro civil, perito judicial nos autos da medida cautelar proposta por ANDRÉ DE LIMA contra ANTÔNIO VAZ DA SILVA, após diligências e estudos, oferece suas conclusões, no seguinte

LAUDO

12.1.1 Preliminares

Inicial

Alega-se na inicial:

- que o requerente é proprietário do imóvel situado na Rua Laerte Oliveira, 317 – Pinheiros, nesta Capital, enquanto o requerido é proprietário do terreno situado do lado esquerdo da propriedade do requerente de quem da rua olha para seu imóvel, sendo certo que a divisa entre o imóvel do ora requerente e o de propriedade do requerido, lote nº 4 da quadra 21, era constituída por muro de propriedade do requerente, codificado por ocasião da construção de sua residência;

- que ocorre, porém, que, há algum tempo, o requerido efetivou obras de terraplenagem em seu terreno, ao que tudo faz crer, *data venia*, sem maiores cuidados e cálculos adequados, tendo tais obras desguarnecido o retrorreferenciado muro, e que, na ocasião, e nesses últimos tempos, vinha insistindo com o proprietário do referido terreno, no sentido de lograr a obtenção de melhor segurança para o muro em apreço, sem qualquer êxito, porém;
- que, em data de 6 de junho próximo passado, por volta das 19h30, consoante se demonstra com ajuntada do Boletim de Ocorrência sob nº 3294/83, lavrado no 34º Distrito Policial, o muro de 7,50 m de altura de propriedade da vítima ruiu, levando também um muro perpendicular a este da residência da vítima. Esclarece, outrossim, que a causa de tal desabamento foi a escavação levada a efeito no terreno do indiciado, tudo isto agravado pela chuva. O referido desabamento levou parte do jardim, piscina e quiosque. Os prejuízos são de grande monta, encontrando-se a residência do requerente em precárias condições para o uso de sua família, fazendo-se mister iniciar obras de recomposição do local imediatamente, sob pena de ter de mudar-se, ao menos a título provisório;
- que, diante dos fatos e da documentação anexada e havendo fundado receio de que o requerido possa modificar a atual situação do terreno e das condições mencionadas, prejudicando a prova, e, ainda mais, fazendo-se necessária urgente reparação, que o requerente já se apresta em providenciar, é mister que se defira, *data maxima venia*, esta produção mediante perícia a ser efetivada por *expert* de confiança do juízo.

12.1.2 Vistoria

Esteve o perito em diligências na Rua Laerte Oliveira, 317 (foto 1), residência do requerente, observando que, à sua direita, está o terreno do requerido, no qual foram realizadas escavações ou desaterro (foto 2), tendo aí ruído o muro, enquanto no terreno do lado esquerdo, onde não houve desaterro, observa-se que o muro se apresenta estável (foto 3). Verificou o perito que existia um muro de arrimo, construído ou apoiado sobre viga baldrame e esta sobre brocas (conforme as fotos de fls. nº 55 e 60 dos autos, onde se observam tais brocas), tendo desse muro de arrimo restado estável o trecho A do desenho anexo 1, trecho este de muro em que as estacas ou brocas permaneceram engastadas no terreno, ao nível zero, e que, portanto, não houve afetação pelas escavações (foto 4). O trecho de muro desmoronado se refere aos segmentos em que as escavações no terreno do requerido, embora feitas em dois níveis, não obedeceram às normas e cautelas devidas, ou seja, talude com estabilidade suficiente de proteção às fundações do muro, ou seja, deixando desconfinadas as brocas (*vide* trecho assinalado pelas fotos de fls. 21, 22 e 23 e melhor se vê a falta de proteção deixada às bases do muro pelas fotos de fls. nº 24, 25 e 26), ocorrendo, então, como se disse, o desconfinamento das brocas, as quais, à época da construção do requerente, tanto o baldrame quanto as brocas, estavam encravados no solo e com confinamento lateral, conforme se assinala no desenho anexo 2, e, portanto, aproximadamente em dezembro de 1980, com as escavações no terreno do requerido, com a retirada do solo, e criando uma plataforma no zero, numa profundidade de 25,00 m a partir da frente do terreno, enquanto, ao fundo, ficou uma plataforma ao nível de 3,00 m, na extensão de 8,00 m. Não houve cuidado quanto a garantir a estabilidade do muro e suas fundações ficaram desconfinadas, perdendo sua função de arrimo do terreno lateral, passando a ser estrutura de vedação e revestimento de talude vertical com altura de 6,00 m em seu trecho principal. O desmoronamento do trecho B (desenho anexo 1) ocorreu em virtude de as escavações terem feito com que o muro perdesse a capacidade de contenção do solo, o qual não caíra antes porque o talude vertical teve resistências próprias até quando pôde suportar, quando advieram insistentes chuvas, que, infiltrando nos jardins laterais, propiciaram a saturação do terreno, instabilizando o muro, já prejudicado pelo desconfinamento lateral, com aumento de empuxo de água infiltrada, e reduzindo a tensão de cisalhamento do solo do talude, que concorreram simultaneamente para o desabamento. Assim, observou o perito o desmoronamento do solo, com quedas de jardins, do piso lateral da casa em granilite (foto 5), um muro transversal (foto 6), piso de pedra mineira da piscina (fotos 7 e 8), exposição e rompimento das tubulações *serviendas* do terreno dos fundos (foto 9), destruição de parte do quiosque (foto 10), rompimento do fundo da piscina (fotos 11, 12, 13, 14, 15, 16 e 17); observaram-se fissuramentos de paredes externas da casa (foto 18). As infiltrações através dos jardins e a atuação da chuva do outro lado não seriam suficientes para desestabilizar o muro, se o mesmo não tivesse sofrido o desconfinamento lateral nas fundações pelas escavações aludidas. Assim, como se assinala no desenho anexo 3:

a. as infiltrações aumentaram as pressões sobre o muro e reduziram a coesão do solo;
b. o empuxo final das pressões de água foi transmitido à estrutura do muro até as brocas;
c. as brocas, achando-se desconfinadas pelas escavações no terreno do requerido, de maneira que apenas a parte do terreno resistente ficou restrita à

pequena cunha de solo, com cerca de 80 cm de base, provocaram então o escorregamento, quando o empuxo transmitido para as brocas igualou a resistência do solo na base dessa cunha. Assim, o desmoronamento da cunha de resistência passiva se deu e o muro de arrimo desabou, e o solo que se achava arrimado por trás do muro sofreu o deslizamento pela redução da resistência do terreno saturado com água. O trecho A do muro de arrimo, cujas brocas não sofreram desconfinamento, resistiu sem nenhum problema, tanto com o aumento do empuxo de água quanto com a perda de resistência com a ocorrência de pressões neutras.

12.1.3 Conclusões

As escavações levadas a efeito no terreno do requerido originaram desconfinamento das fundações do muro de arrimo no trecho B do imóvel do requerente, zerando a capacidade de contenção do talude. Daí sobreveio o desmoronamento do muro e o deslizamento do solo do talude, por ocasião das chuvas, com aumento de empuxo e redução de resistência do solo.

As razões acima se evidenciam quando se verifica que o trecho A do muro, que arrima aterro na altura de 3,00 m, sob as mesmas condições de desfavorabilidade no período de chuvas, tendo sido igualmente dimensionado, permanece estável, porque suas fundações não foram desconfinadas.

12.1.4 Quesitos

Quesitos do requerente (fls. nº 41 e 42)

1. Com base nas fotos da situação anterior, juntadas com a peça inicial, reconstitua e descreva o Sr. Perito o estado primitivo do terreno desaterrado e do muro da divisa, através dos vestígios e sinais que remanesceram após o corte;

   Resposta: *Vide* item 2 e anexos.
2. Qual a estabilidade aparente do muro na situação acima, isto é, antes do desaterro? Qual a carga, então, nos trechos do muro ora desabados? Estavam tais trechos dimensionados para suportá-la? Verificar através de prospecção e observação no local;

   Resposta: *Vide* resposta anterior e itens 2 e 3.
3. Descreva o Sr. Perito, através das fotos e visita ao local, o desaterro realizado, indicando em corte as diferenças de nível aproximadas entre a base do muro e a cota da escavação;

Resposta: *Vide* item 2.

4. Ao que se depreende das fotos juntadas e da vistoria, informe o perito se foram tomadas, durante e após a escavação, as cautelas necessárias e as medidas recomendáveis de proteção aos vizinhos e se foram obedecidos os requisitos técnicos mínimos na execução do desaterro;
   Resposta: *Vide* considerações do item 2, nas quais se abordou tal questão.
5. Qual a carga atuante sobre a parede anterior do muro, não atingida, após o corpo da garagem? O dimensionamento desse trecho era o mesmo que o das partes que ruíram? Qual a diferença de nível entre a base do muro e a cota da escavação? O desaterro alterou, nesse trecho, a estabilidade existente? Por que razão não houve dano nessa parte? O esforço que aí atuava era igual ao que agia na parte posterior, desabada?;
   Resposta: *Vide* itens 2 e 3.
6. Face às respostas anteriores, diga o perito se a escavação realizada rente ao muro de divisa provocou a perda total da estabilidade existente, conduzindo à ocorrência do desabamento;
   Resposta: É o que concluiu o perito nos itens 2 e 3 do presente laudo.
7. Quais os danos e prejuízos reais ocorridos com o desabamento, incluindo a reconstituição do muro da divisa atingido, os pisos, as instalações elétricas, hidráulicas e especialmente a piscina situada nos fundos? Em quanto deve ser orçado o montante dos prejuízos a fim de que se torne à situação primitiva?;
   Resposta: O perito, tendo em vista os danos apontados, além de refazimentos hidráulicos e elétricos, em razão dos orçamentos coletados, apresentados ao perito pelo ilustre assistente técnico (anexos 4, 5 e 6), após devidamente analisados e estudados, considera o valor de R$ 16.000,00 mais os reparos da piscina em R$ 2.500,00.

O presente laudo consta de 6 (seis) folhas datilografadas, das quais 5 (cinco) rubricadas e esta última datada e assinada, mais fotografias e anexos.

São Paulo, 30 de junho de 1999

____

Carlos de Campos

Eng. Civil – Crea/SP

12.2 Parecer técnico divergente

Exmo. Sr. Dr. Juiz de Direito da 20ª Vara Cível da Capital

GENÉSIO DE ARRUDA RIBEIRO, engenheiro civil, assistente técnico indicado por ANTÔNIO VAZ DA SILVA, nos autos da MEDIDA CAUTELAR contra ele requerida por ANDRÉ DE LIMA, tendo examinado o laudo do perito oficial e não podendo concordar com o mesmo, vem apresentar as seguintes

RAZÕES DE DIVERGÊNCIA

1. O autor é proprietário do imóvel situado na Rua Laerte Oliveira, 317 – Pinheiros, nesta Capital, onde, no dia 6/6/1999, ocorreu o desabamento do muro de arrimo e de fecho da sua divisa esquerda (observador da rua), o qual, segundo alega o requerente, ruiu em consequência de escavações procedidas pelo réu, no terreno vizinho, de sua propriedade.

◇ Com a finalidade de preservar as provas e por entender urgente a reparação de seu imóvel, requereu a presente medida com o objetivo de apontar a origem dos danos e o custo das reparações necessárias, bem como o de fixar a situação dos fatos e das consequências do ocorrido.

2. O perito judicial relatou o que observou na vistoria e concluiu, por meio do seguinte, abaixo resumido:
   I. que, no local, constata-se haver desmoronado, no imóvel do autor, um trecho de muro de arrimo, com quedas de jardim, do piso lateral, de um muro transversal, de um piso de pedra mineira da piscina, rompimento das tubulações *serviendas* do terreno de fundos, destruição de parte de um quiosque e rompimento do fundo da piscina;
   II. que o desconfinamento das brocas oriundo das escavações levadas a efeito no terreno do requerido foram a causa do desabamento parcial do muro;
   III. que, para as obras de reparo do imóvel do autor, o valor dos orçamentos apresentados atinge a importância de R$ 16.000,00 mais R$ 2.500,00 correspondentes aos reparos da piscina.
3. Não podemos concordar com o laudo judicial pelas seguintes razões:
   I. Não foi exibido projeto de cálculo para a construção do muro, razão pela qual não se sabe se o muro foi calculado para resistir à pressão de um jardim com uma piscina.

II. As brocas não tiveram a profundidade suficiente para prever eventual desaterro.

III. As fotografias do local mostram que as banquetas de proteção ainda lá estão, no fundo e lateralmente, e apenas a banqueta de terra lateral com o requerente foi descalçada pela ruptura do tubo das águas de servidão. Ora, se as banquetas serviram para conter os demais taludes, por que só a parte por onde passam os tubos de servidão desmoronou?

IV. Examinando os escombros originários do desmoronamento, verificamos que os tubos por onde passavam as águas de servidão são feitos de material e espessura inadequados.

V. A ruptura desses canos acarreta um grande aumento de pressão sobre o muro, pelo encharcamento da terra, e pode ser apontado como causa suficiente para o desabamento.

VI. De acordo com as fotos 6 e 7, as extremidades dos canos junto ao meio-fio encontravam-se totalmente obstruídas por amassamento e entupimento.

4. Em vista do exposto, o signatário não pode concordar com as conclusões do laudo judicial, tendo em vista que o muro visivelmente não foi dimensionado para conter a quantidade de terra e a piscina que se encontravam no terreno do requerente, bem como a canalização de água de servidão não apresentava condições de conter a água transportada. Os vazamentos ocorridos na canalização aumentaram a pressão do aterro, tendo ocorrido por consequência o desabamento do muro, cuja fragilidade não foi suficiente para suportar o esforço.

5. Vai o presente parecer técnico digitado em 3 (três) folhas, todas elas rubricadas, e esta última datada e assinada com mais três anexos.

São Paulo, 1º de julho de 1999

____

Genésio de Arruda Ribeiro

Eng. Civil – Crea/SP

12.3 Parecer técnico concordante

Exmo. Sr. Dr. Juiz de Direito da 20ª Vara Cível da Capital

SÉRGIO DE ALBUQUERQUE, infra-assinado, engenheiro civil, assistente técnico indicado por ANDRÉ DE LIMA, nos autos da MEDIDA CAUTELAR por ele requerida contra ANTÔNIO VAZ DA SILVA, tendo examinado o laudo do ilustre perito oficial e não encontrando motivos para divergir do mesmo, vem apresentar os motivos de sua concordância por meio do seguinte

PARECER TÉCNICO CONCORDANTE

1. Trata-se de um imóvel de propriedade do autor, localizado na Rua Laerte Oliveira, 317 – Pinheiros, nesta Capital. No dia 6/6/1999, desabou o muro de arrimo da divisa esquerda do terreno do autor (observador olhando da rua), por consequência, segundo alega, de escavações procedidas pelo réu, no terreno vizinho, de propriedade dele, réu. Com receio de que o requerido pudesse modificar a situação atual do terreno e, principalmente, em virtude de se fazer necessária a urgente reparação de seu imóvel, requereu a presente medida com o objetivo, segundo os quesitos formulados, de registrar os fatos e as consequências do ocorrido, bem como apontar-lhes a sua origem e o custo das reparações necessárias.
2. O digno perito nomeado pelo Juízo, após relatar o que observou na vistoria e documentar, fotograficamente, o que existia no local, concluiu, a respeito dos objetivos da medida cautelar, o seguinte, em resumo: (I) que, no local, constata-se haver ruído, no imóvel do autor, um trecho de muro de arrimo, com quedas do jardim, do piso lateral, de um muro transversal, de um piso de pedra mineira da piscina, rompimento das tubulações *serviendas* do terreno de fundos, destruição de parte de um quiosque e rompimento do fundo da piscina; (II) que as escavações levadas a efeito no terreno do requerido foram a causa do desabamento parcial do muro, por terem originado o desconfinamento das brocas das fundações do citado trecho de muro de arrimo, anulando a capacidade de contenção do talude, cujo empuxo foi aumentado por ocasião das chuvas; (III) que a confirmação disso é o fato de outro trecho do mesmo muro de arrimo se manter intacto, por não ter sido afetado pelas escavações, permitindo, com isso, terem permanecido

engastadas ao solo e confinadas as brocas de suas fundações, apesar de sofrerem os mesmos efeitos das chuvas que o outro trecho desmoronado; e (IV) que, para as obras de reparo do imóvel do autor, os orçamentos apresentados como anexos 4, 5 e 6 a seu laudo (válidos para as datas dos mesmos) atingem o valor de R$ 16.000,00 mais R$ 2.500,00 correspondentes aos reparos da piscina.

3. Este assistente concorda plenamente com o laudo judicial e, em especial, com as conclusões do mesmo, por estarem baseadas em fatos fartamente justificados e considerações de ordem técnica devidamente fundamentadas. Embora a responsabilidade da escavação do réu tenha sido suficientemente demonstrada, cabe ainda tecer algumas considerações a respeito das alegações em contrário contidas na contestação.
   I. É falsa a afirmativa do réu de que o muro não teria sido tratado de acordo com as especificações técnicas, pois resulta de projeto de empresa de engenharia renomada no meio técnico, o qual, examinado, se mostrou dentro das normas técnicas usuais.
   II. Não é verdade a afirmação de que os canos da piscina seguramente dão na rede de esgotos que vem, em servidão, do imóvel lindeiro e passa junto ao muro desmoronado. Na realidade, as canalizações da piscina correm ao longo da outra divisa do terreno do autor, isto é, naquela oposta à do réu.
   III. A ocorrência dos alegados vazamentos de forma alguma poderia provocar o tombamento do muro sem que antes tivesse sido feita a escavação do terreno do réu.
4. Nada mais havendo a acrescentar e por concordar integralmente com as respostas aos quesitos dadas pelo perito oficial, vai o presente parecer técnico digitado em 3 (três) folhas, todas elas rubricadas no anverso, e esta última datada e assinada.

São Paulo, 2 de julho de 1999

____

Sérgio de Albuquerque
Eng. Civil – Crea/SP

12.4 Ilustração da perícia

Os desenhos apresentados nas Figs. 12.1 a 12.3 foram idealizados pela Arq. Dra. Andreína Nigriello e foram decisivos para o êxito da ação.

Fig. 12.1 *Situação primitiva*

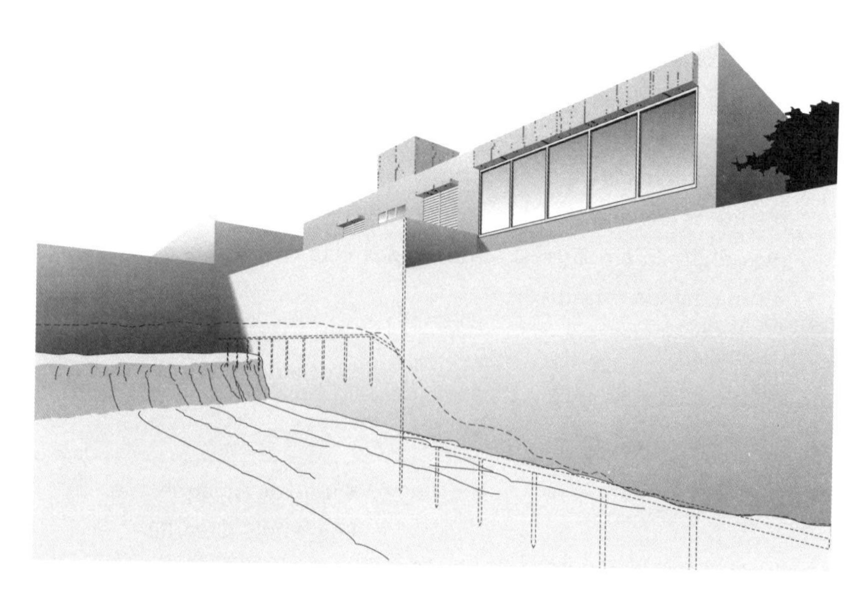

Fig. 12.2 *Situação após a escavação*

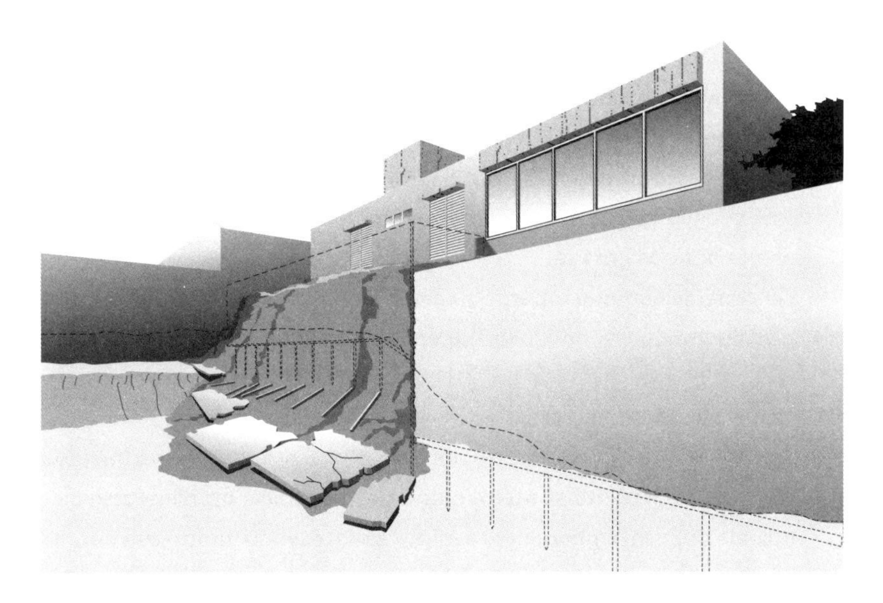

Fig. 12.3 *Situação após a queda do muro*

12.5 Análise do laudo do perito e dos pareceres técnicos dos assistentes do autor e do réu

1. O laudo do perito judicial, sob o ponto de vista da sua estrutura lógica, contém:

- Uma *introdução*, correspondente à primeira seção (Preliminares), que tentou resumir os termos em que estava posta a demanda.
- Nessa introdução, o perito estendeu-se por demais nas alegações das partes, praticamente copiando os autos.
- Na verdade, resolveu-se suprimir parte do texto por respeito ao leitor deste livro. O perito deveria ter procedido de forma semelhante, isto é, deveria ter poupado o Excelentíssimo Magistrado de ler duas vezes os autos, dado que seu tempo é por demais precioso para deter-se em aspectos pouco relevantes do laudo e que nada acrescentam ao que já havia sido exposto na inicial.
- Os parágrafos são extensos, com abusiva utilização de vírgulas em detrimento do ponto final, que tornaria o texto mais objetivo, mais claro e menos cansativo de ser lido.

- *Vistoria*, em que se expõem os fatos que levam às conclusões técnicas. Nesse ponto, o vistor oficial não se limita a copiar os autos como o fizera na introdução. Entretanto, prossegue nos parágrafos longos, com abundância de vírgulas e repetição desnecessária de fatos, como o desconfinamento das brocas. A repetição é tão flagrante que o próprio experto reconhece esse procedimento, quando afirma "como se disse", expressão propositalmente por nós grifada.
- *Confirmação*, em que o perito expõe a sua tese, começando por "O desmoronamento do trecho B ocorreu em virtude de [...]" e terminando com um resumo que vai até o trecho "[...] com a perda de resistência com a ocorrência de pressões neutras".
- Este é o esteio do laudo e representa o que o juiz quer realmente saber. Nessa parte o perito se atém mais à parte técnica, utilizando-se de terminologia precisa, embora nem sempre esclarecendo muito bem o significado dos termos técnicos empregados.
- Em alguns seminários onde se teve a oportunidade de ouvir a opinião que os nobres magistrados têm sobre os laudos periciais em geral, sobressai a queixa constante da falta de clareza na exposição. Alguns juízes chegam a declarar que nomeiam o perito para explicar a parte técnica, e não para complicar.
- Alguns termos, que para os técnicos são óbvios, não são tão esclarecidos assim para o julgador. Nesse processo, cujos laudos e pareceres técnicos foram adaptados ao livro para fins didáticos, mas que são verdadeiros, o juiz chegou a perguntar se as brocas eram verticais e se as vigas baldrames eram horizontais. Portanto, o perito não deve abdicar da precisão da linguagem técnica, mas também não deve se esquecer de esmiuçar o seu significado para o juiz.
- *Conclusões*, em que o perito concluiu de maneira resumida como devem ser as conclusões finais e passa a responder aos quesitos.
- Como os quesitos presumem muitas descrições, o perito remete o juiz ao item correspondente onde estão explícitas tais descrições e o faz com acerto.
- Nos quesitos que se referem a valor, como por exemplo o de nº 7, é recomendável que se decline o valor, antes de remeter o juiz ao item correspondente: "O valor é de R$ ..., conforme item nº ... ou anexos nº ...", conforme fez o perito.

◇ Nos quesitos que presumem resposta positiva ou negativa, é recomendável que, além do *sim* ou *não*, o perito se estenda em maiores considerações sobre o que foi perguntado. O juiz não gosta de respostas monossilábicas do tipo *sim* ou *não*. Sonegação de informação pode prejudicar a decisão judicial.

◇ Sob o ponto de vista técnico, o laudo judicial apresenta-se bastante completo e convincente, nada havendo a acrescentar sobre o que o perito disse e concluiu.

2. O laudo de parecer técnico (não é laudo, pois, de acordo com o Código de Processo Civil, manifestação do assistente técnico chama-se parecer técnico) do assistente do requerido tem a seguinte estrutura:

◇ *Introdução*, que relata as razões do requerimento da medida cautelar.

◇ *Descrição dos fatos* relatados pelo experto do Juízo decorrentes da vistoria.

◇ *Confirmação*, em que o assistente expõe a sua tese, consolidando sua divergência do laudo oficial.

◇ *Conclusões*, em que confirma a divergência e conclui.

Do ponto de vista da redação, o parecer técnico apresenta-se sucinto, com um bom poder de síntese sobre as razões da divergência. Esse poder de síntese agrada ao juiz, que consegue rapidamente absorver o teor das divergências sem maiores delongas e, portanto, sem perda de tempo.

Entretanto, do ponto de vista técnico, o parecer deixa a desejar por não atacar o problema vital, que é o do desconfinamento das fundações, e ater-se apenas a eventuais problemas circunstanciais. O assistente não conseguiu provar o alegado vazamento nem a alegada ruptura dos tubos. E o juiz decide motivado por provas, as quais não foram apresentadas.

3. O parecer técnico do assistente do requerente também possui:

◇ *Introdução*, um breve histórico sobre as razões que levaram a requerer a medida cautelar.

◇ *Descrição dos fatos* relatados pelo vistor oficial decorrentes da vistoria.

◇ *Confirmação*, em que o assistente expõe as razões de sua concordância.

O parecer técnico apresenta-se também sucinto, sintetizando de maneira bastante competente as razões da concordância com o laudo oficial.

Do ponto de vista técnico, rebate todas as críticas do requerido ao laudo oficial e argumenta de maneira sólida e convincente, apontando a verdadeira causa do desmoronamento e dando o devido tratamento a eventuais

circunstâncias que, ainda que verdadeiras fossem, não teriam dado causa ao desabamento, sem o desconfinamento das fundações.
De passagem, derruba o argumento de eventual vazamento no escoamento da piscina, visto que ela desaguava pela outra divisa do terreno do requerente, isto é, naquela oposta à do requerido.
Tal argumentação demonstra que o assistente técnico do requerido sequer se preocupou em examinar detidamente o problema.

13 ENCERRAMENTO

Espera-se que este trabalho contribua na redação dos arrazoados técnicos dos profissionais que se dedicam a perícias de avaliação de imóveis em geral. Não se tem a pretensão nem se deseja que ele se constitua num vade-mécum ou num manual que redija os laudos para os engenheiros; apenas se pretende que seja útil no aperfeiçoamento desses trabalhos e que sirva de guia àqueles que estão iniciando nessa área.

O campo de perícias e de avaliações exige, acima de tudo, experiência, e esta só se adquire através do tempo, em contato direto e diuturno com a matéria. É um trabalho árduo e de extrema importância, na medida em que as palavras do perito pesam na decisão judicial. A responsabilidade é grande, pois dele depende a força da justiça.

Ao profissional idealista apraz ver o seu dever cumprido de forma responsável e eficiente. Resta desejar ao leitor que este livro sirva como instrumento na procura dos caminhos que melhor conduzam à verdade e à justiça.

REFERÊNCIAS BIBLIOGRÁFICAS

ABNT – ASSOCIAÇÃO BRASILEIRA DE NORMAS TÉCNICAS. *NBR 14653-2*: normas para avaliação de imóveis urbanos e das normas para perícias em imóveis urbanos. 2001.

ANDRÉ, H. A. *Português Gramática Ilustrada*. 1. ed. São Paulo: Moderna, 1974.

COMISSÃO DE PERITOS DO PROVIMENTO – N° 1/74. *Normas para avaliação e laudos em desapropriações nas Varas da Fazenda Municipal da Capital*. São Paulo, 1975.

CUNHA, O. F. *Engenharia legal*. Porto Alegre: Sulina, 1985.

FERREIRA, A. B. de H. *Novo Dicionário da Língua Portuguesa*. [s.d.].

FIKER, J. *Análise sintática na Escola Nova*. 1. ed. Petrópolis: Vozes, 1973.

FIKER, J. A influência da Lei de Zoneamento no valor dos imóveis. *Construção São Paulo*, n. 2.324, p. 18, ago. 1992.

FIKER, J. *Manual de avaliação e perícias em imóveis urbanos*. 5. ed. São Paulo: Oficina de Textos, 2019.

FIKER, J.; MEDEIROS JR., J. R. *A perícia judicial*: como redigir laudos e argumentar dialeticamente. 1. ed. São Paulo: Pini, 1996.

IBAPE – INSTITUTO BRASILEIRO DE AVALIAÇÕES E PERÍCIAS DE ENGENHARIA. *Avaliações para garantias*. 1. ed. São Paulo: Pini, 1983.

IBAPE – INSTITUTO BRASILEIRO DE AVALIAÇÕES E PERÍCIAS DE ENGENHARIA. *Glossário de terminologia básica aplicável à Engenharia de Avaliações e Perícias do Ibape/SP*. São Paulo, 1994a.

IBAPE – INSTITUTO BRASILEIRO DE AVALIAÇÕES E PERÍCIAS DE ENGENHARIA. *Norma para avaliação de imóveis urbanos*. São Paulo, 1994b.

IBAPE – INSTITUTO BRASILEIRO DE AVALIAÇÕES E PERÍCIAS DE ENGENHARIA. *Norma para avaliação de imóveis urbanos*. São Paulo, 1995.